JN188055

OSANPODESUSHI!

OSANPODESUSHI!

おさんぽですし！

おしゃべり犬とイライラ猫の日記

餅付きなこ
Kinako Mochitsuki

みなしゃま
初めましてですし♪
このマンガの
プリティ主人公の
アーティこと
あーちゃんですし♥
あーちゃんは
ゴールデンレトリーバー
というわんしゃまですし♪
このプリティな
おちりからも
ご察しの通り
かわゆす女のコですし♪
きゃぴっ
ケツ
フリ
フリ
そしてこちらに
いましゅのが
まめちゃん♥
んあ？
あーちゃんの
妹的存在の
ねこしゃま
ですし〜♥
まめニャは……
キレッ
ここのボス
ニャから
妹とか
ありえんニャ…
ぴえええ…
すみま
ちぇえんん…

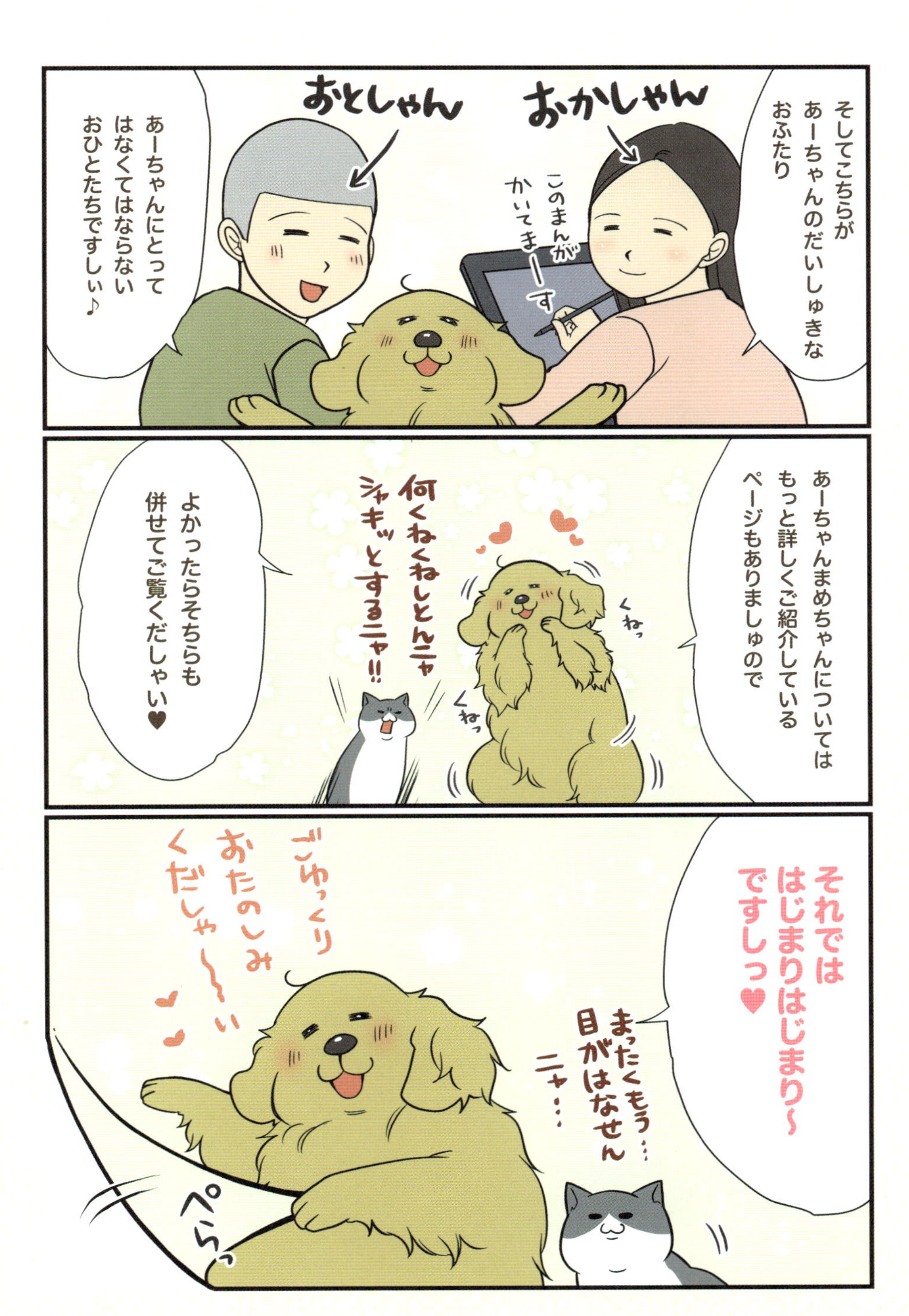
そしてこちらがあーちゃんのだいしゅきなおふたり
おかしゃん
このまんがかいてまーーす
おとしゃん
あーちゃんにとってはなくてはならないおひとたちですしぃ♪
あーちゃんまめちゃんについてはもっと詳しくご紹介しているページもありましゅので
くねっ
くねっ
何くねくねしとんニャシャキッとするニャ!!
よかったらそちらも併せてご覧くだしゃい♥
それではじまりはじまり～ですしっ♥
まったくもう…目がはなせんニャ…
ごゆっくりおたのしみくだしゃ～～い
ぺらっ

もくじ

アーティ

（♀・ゴールデンレトリーバー）

2011年6月20日生まれ。
「ですし」が口癖のおっとりさん。
おさんぽとおかしゃんに
なでなでされることが大好き。

まめ

（♀・ハチワレ猫）

2013年4月生まれ。
アーティの妹的存在だが、
態度はお姉さん。
常にイライラしている。
ごはんとお昼寝が大好き。

おかしゃん

このマンガの作者。
まめとアーティを
こよなく愛すること以外、
特徴は特になし。

おとしゃん

おかしゃんの夫。
坊主頭が特徴。
まめとアーティのことしか
考えていない。

OSANPODESUSHI!

第1章

あ～ちゃんですし！

OSANPODESUSHI!

結婚後、大型犬が飼いたくて
家を建てました

そろそろ新居の生活にも慣れたし犬を迎えようか
そうだねゴールデンがいいな
関東のブリーダーさん仔犬が産まれたって
ちょっと遠いけど行ってみよっか
出産しました♥
メス3匹
オス7匹
あかちゃん
うまれまし

ハイ…ハイ、そうです
明日、愛知からいきます
パピーちゃんいますか…
よろしくお願いします。
そんなわけで愛知から車で6時間かけて
関東のブリーダーさんの所へ
かわいいコいるかなー
ブロロロ….

ま〜遠くから〜どうぞ〜
よろしくおねがいしまーす
うわあああ かわいい───♡♡
ブリーダーの犬舎には、産まれて間もない仔犬たちがいました
コロ
コロ
モゾッ…
そのコたちはまだ行き先が決まっていないけど
わ〜〜ふわふわ〜
もう少し母犬と暮らすからお渡しは少し先になるよ
そっか…まだまだお母さんが必要なんだね…
ぴすぴす
いっぱい甘えるんだぞ
外にもう少し大きいコたちがいるから
そのコたちも見てみるかね？
はい！お願いします♡
かわいい〜
かわいいね〜
あたちのコかわいいでしょー！

もうワクチンも終わったので、外で姉妹で遊んでるんです
へ～
わ～
きゃ～
これが…
アーティとの初めての出会いでした
わ～知らない人～
あそぶ？あそぶ？
ブスッ…
かわいいコと愛想悪いコ…
こんにちは～…
ちなみにお渡しできるのはそちらのコになります
このコは犬舎に残しますんで
きゃぴ
ぶすっ…
そっか…やっぱりかわいいコは手放さないんだな…
う～む…にしてもこの顔…
いいね!!

可愛いよ このコ!!
このコに しよう!!
ぶすっ
ひょいっ
ジタ
バタ
ええッ!?
こうして10匹中の実質 最後の売れ残りの
この無愛想な仔犬は
キレイにして出発しようねー
ぶさっ
トリミングをしてくれた娘さん
はーーい 記念さつえい しまーす
ほげ~
私たち夫婦の元へ 来ることになったのです
この世のおわりのような顔
カシャ
帰りの車の中で――
名前 どうしよっか…
うーん そうだねぇ~
プピ~~…
プピ~~

※アート・ガーファンクルはファンから愛称のアーティで呼ばれている

アーティはご飯をいっぱい食べて
あむっ
あむっ
うまうま
ただいま〜
あれっあーちゃん大きくなってる??
どんどん大きくなっていき
おかえりなちゃい
でででどん
あっコラ!!
リードは食べもんじゃありません
きゃぴーー
おかしゃんあそぶですし〜
やんちゃな頃もあったけど…
こんにちは〜〜
あ〜ちゃんですし〜〜
いつの間にかすっかり頼もしくなっちゃって
これからもずっと私たち夫婦の
『だいじ』な存在♡

あーちゃんのお庭へようこそ

あ～ちゃんが初めてお庭に出た日。とっても慎重なコで、テラスの階段ひとつ降りられないビビりっぷりでしたがそこはわんこ。走りたい欲求にかかれば、少しの段差なんてなんのその。元気すぎて逆にビックリしちゃいました。

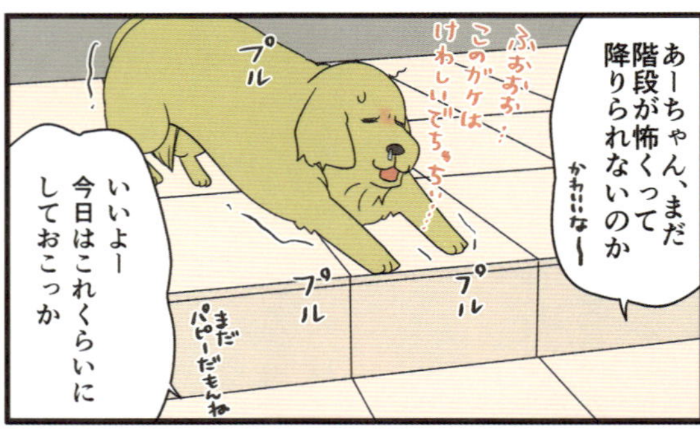

初めての夜

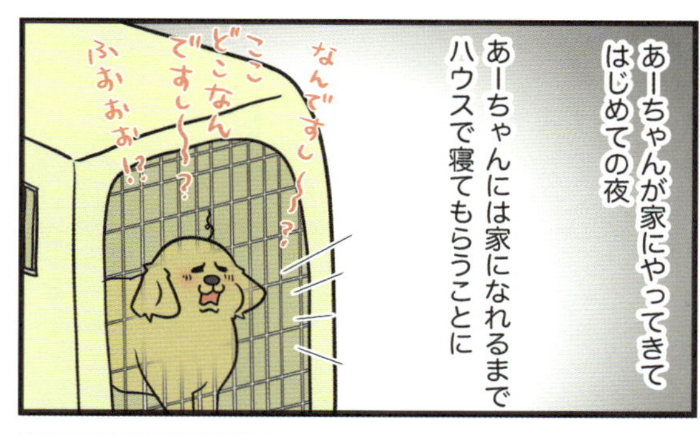

あーちゃんが家にやってきて
はじめての夜
あーちゃんには家になれるまで
ハウスで寝てもらうことに
なんですし〜〜??
ここどこなんですし〜〜??
ふおおおお!??

でも、私達から離れると、
寂しいのか鳴き始める
あーちゃん
うう…
うしろ髪ひかれる…
髪ないけど…
ピ〜
ピ〜
プピ〜

しょうがないので
ハウスの前に布団を持ってきて
一緒に寝ていました
ひろいハウスなのに
入口にへばりついて
ねるアーティ
すや〜
すぴぴ〜

小さい時から、
一緒に寝るのが好きだった
あーちゃんです
現在
すやもふっ〜
おも…い…
いやでも…
うれしい…
zzz…

我が家に初めてきたときのあ〜ちゃん。今までずっと兄弟姉妹と一緒だったのに、急にひとりになってとても不安そうだったのを覚えています。慣れない環境であの手この手で安心させました。

そんなとこで寝てると風邪ひくニャよ！

ベッドのおもひで

ふかふかのベッドはあ～ちゃんのお気に入り♡ぐっすり寝たいときはこのベッドに移動してねんねします。でも多くの時間をソファで過ごすようになって、ソファもあ～ちゃんの大事なベッドに仲間いりしちゃいました♡

なんでも活用

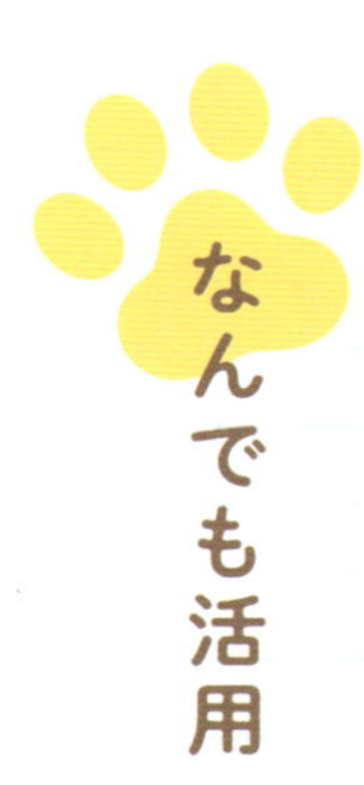

すやっ

うぽぴっ
ゴソガサッ

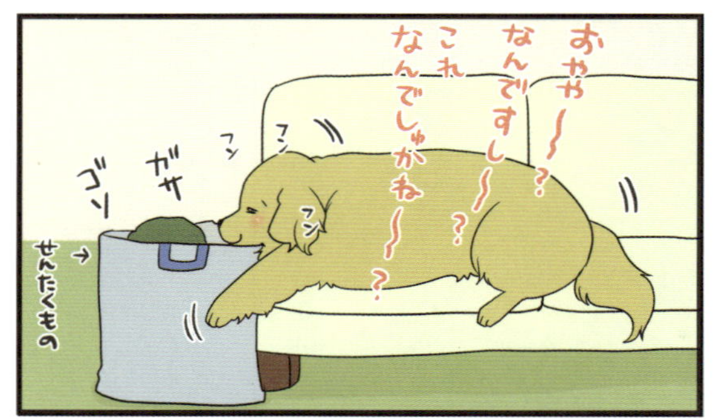
おやや〜？
なんですし〜？
これなんでしゅかね〜？
フン
フン
フン
ガサ
ゴソ
せんたくもの

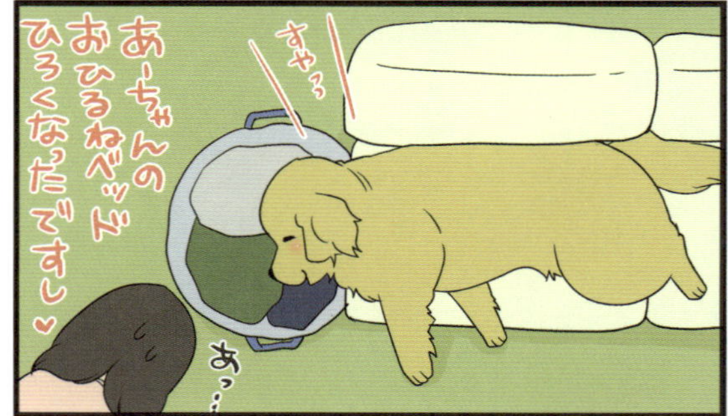
あ〜ちゃんのおひるねベッドひろくなったですし♥
すやっ
あっ…

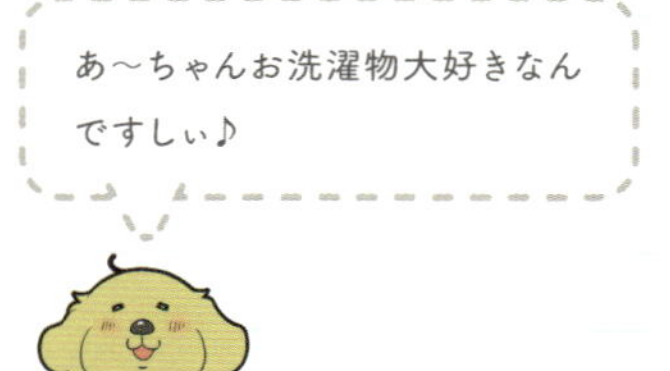
あ〜ちゃんお洗濯物大好きなんですしぃ♪

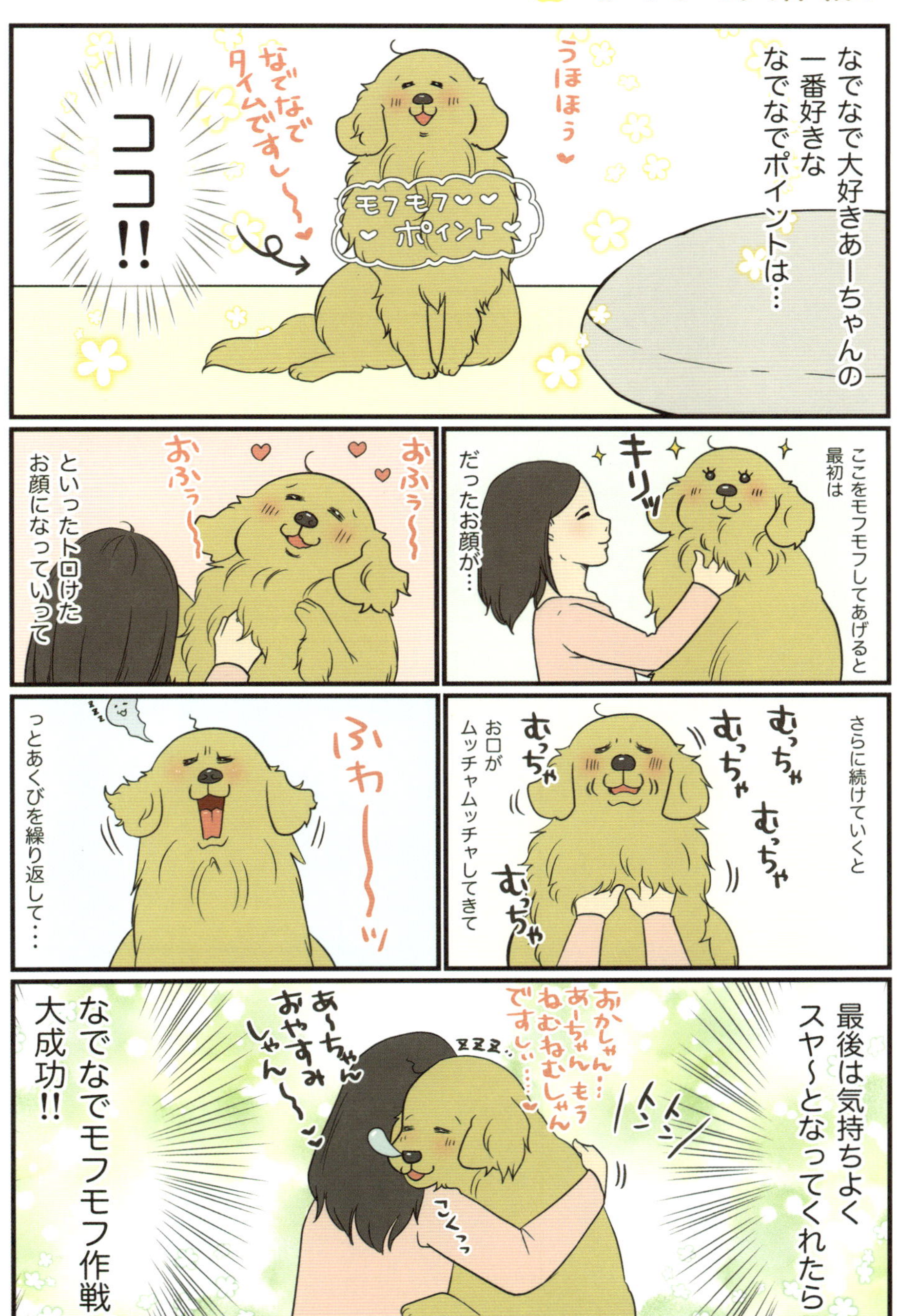
なでなで大好きあーちゃんの
一番好きな
なでなでポイントは…
うほほぅ
なでなでタイムですし〜
ココ!!
モフモフ
ポイント
ここをモフモフしてあげると
最初は
キリッ
だったお顔が…
おふぅ〜
おふぅ〜
といったトロけた
お顔になっていって
さらに続けていくと
むっちゃ
むっちゃ
むっちゃ
むっちゃ
むっちゃ
お口が
ムッチャムッチャしてきて
ふわ〜〜〜ッ
っとあくびを繰り返して…
最後は気持ちよく
スヤ〜となってくれたら
おかしゃん…
あーちゃんもう
ねむねむしゃん
ですしぃ…
ズシン
あ〜ちゃん
おやすみ
しゃん〜
こくっ
なでなでモフモフ作戦
大成功!!

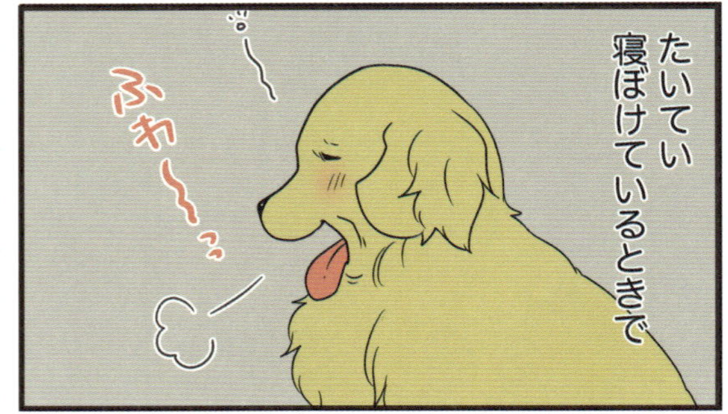

おかしゃんのマンガを描くためのデッサン用人形しゃん♪あ～ちゃんもお友達になれましゅかね～？

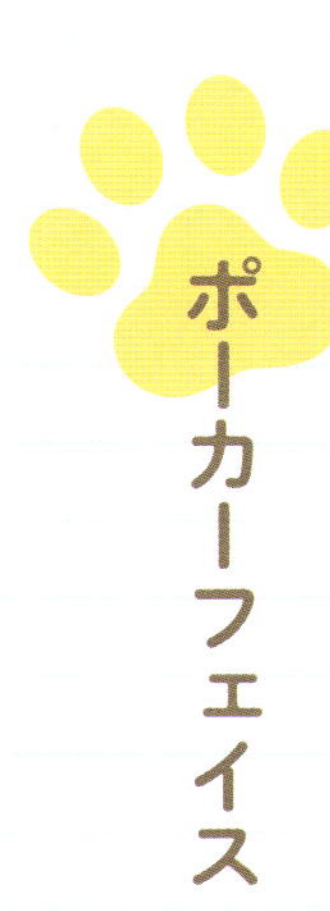
ポーカーフェイス

寝起きでぼーっとしてる
あーちゃんの
ぼへェェェ〜〜
ねぐせ

お腹をわっしわっし
すると――
あーちゃーん
お〜はよー!
何ボーーッと
してんの――
はうう!?
おかしゃん
でしゅかっ
ビクッ

顔はすごく
不満げなのに――
ぶっ
さあああああ

舌をちょこっと出しておねんね
しているお顔がなんともかわ
いい!

後ろ足がめっちゃ
気持ちよさげなのが
可愛い♡
おふふ
おふふう
ダン
ダン

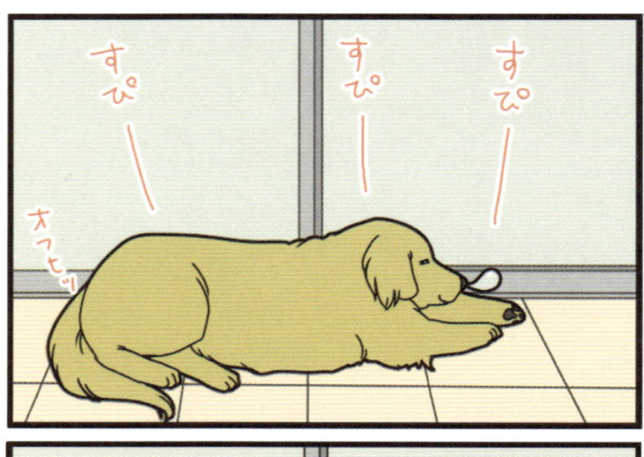

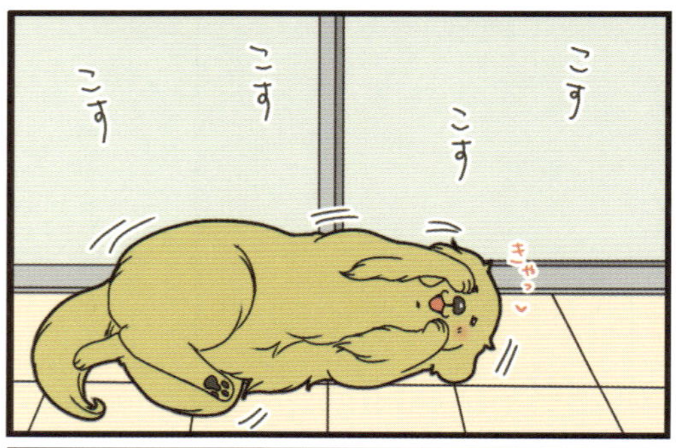

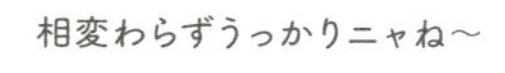

相変わらずうっかりニャね〜

寝起きのドッキリですしぃ

ケータイぬくとめ犯

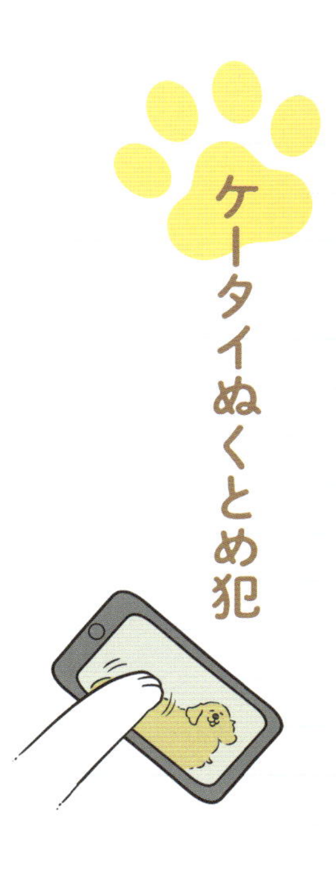

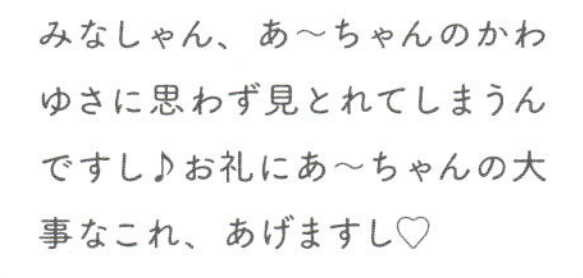

みなしゃん、あ〜ちゃんのかわゆさに思わず見とれてしまうんですし♪お礼にあ〜ちゃんの大事なこれ、あげますし♡

ゆうべの出来事

あ～ちゃんは悪くありましぇんし～。ちょっとゴミ箱しゃんとレスリングしただけですし♡

真夜中の仲良しっこ

何かあっても静かに訴えてくれるあ〜ちゃん。かわいくていつもおねだり聞いちゃいます♡

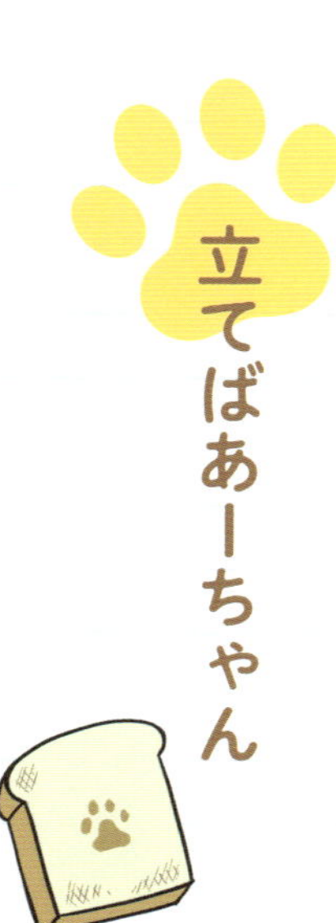

どんなあ～ちゃんもふわふわ、ほかほか。食べちゃいたいくらい♡

決済はあーちゃんで

お目当てのものが買えて、おかしゃんも思わずにっこしですしぃ♪

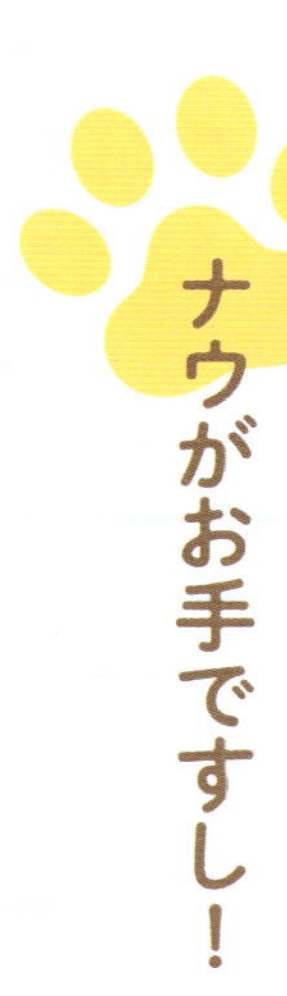

あ〜ちゃん、お手は得意ですし！
ほかのことはわかりまちぇん！

おねだりのおもみ

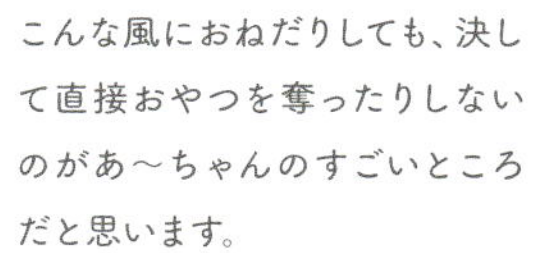

こんな風におねだりしても、決して直接おやつを奪ったりしないのがあ〜ちゃんのすごいところだと思います。

あーちゃんの落し物

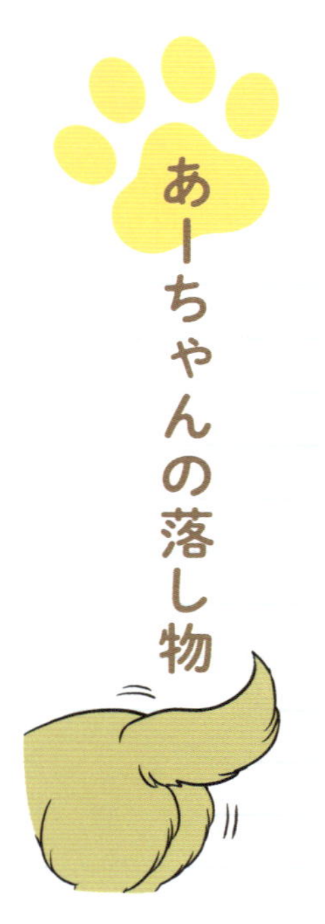

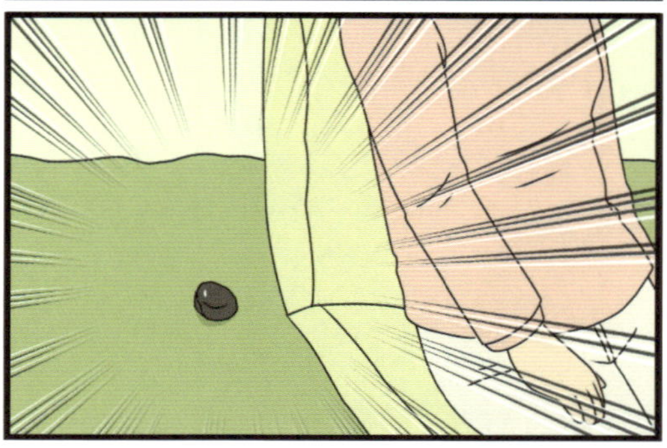

ときどき家の中に転がっている
あ～ちゃんの落し物。見つけた
ときはちょっとビックリしますが、
なぜかちょっとほっこりしちゃう
今日この頃♡

少しの留守番で

町内会の班長なので
たまに市報を配りに行く
あーちゃん すぐ帰って くるから
安心しな〜
おかしゃあ あん
あ〜ちゃんも
いきますですし……
〜

ただいま あーちゃん♪
なになに ちょっと出かけてた だけなのに〜
ピー
ピー
きゃ〜
おかしゃん おかえり
しゃんしゃんですし〜♥
あーちゃん、ちゃこと
うんちして
まってまちたし〜

帰った後の
監視が濃厚
ウフフ…
おかしゃん…
こっそり
おかしゃ〜ん
ふるふる
ウフフ…
ちゃんと
いまちゅね…
こっそし
いまちゅ
ね〜
いま
すし？
やたら近くで
見てる。

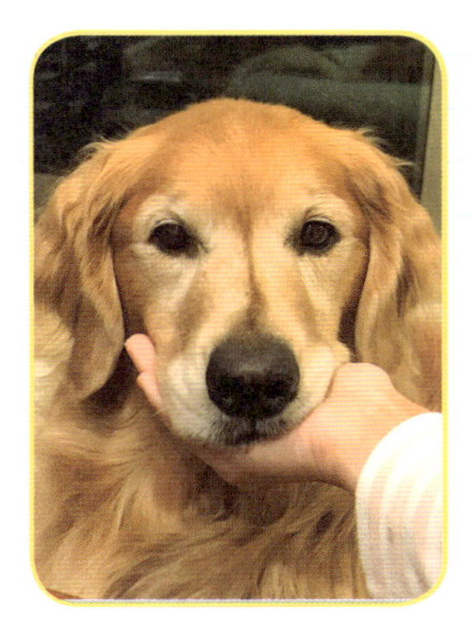

次は絶対一緒に行く
ですし〜！

どんな匂い？

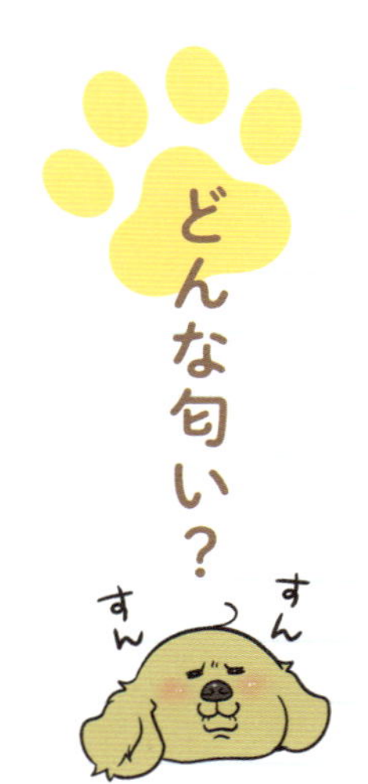

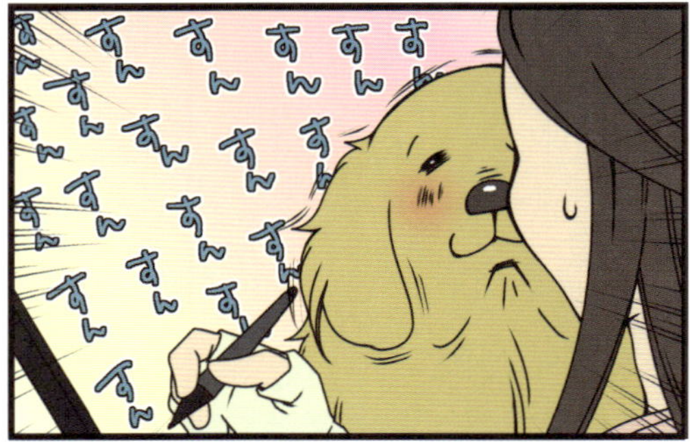

!?

フゴッ…

ガフッ

ブフォオウ

ビクッ

人の顔の匂いを嗅いだ後
むせるのはよくない

ラブラブてれび電話

おとしゃんが四角くてちいさくなっちゃったですし～。でもチュッとしときまちた♡

おてての味見

なに作っているですし？あ〜ちゃんのですし？あ〜ちゃんも食べられますし？いい匂いですし〜。ちょっとペロってしてもいいですし？

ごはん中におかしゃんがおでかけしちゃうかもしれまちぇんしぃ

大丈夫だよずっといるよ

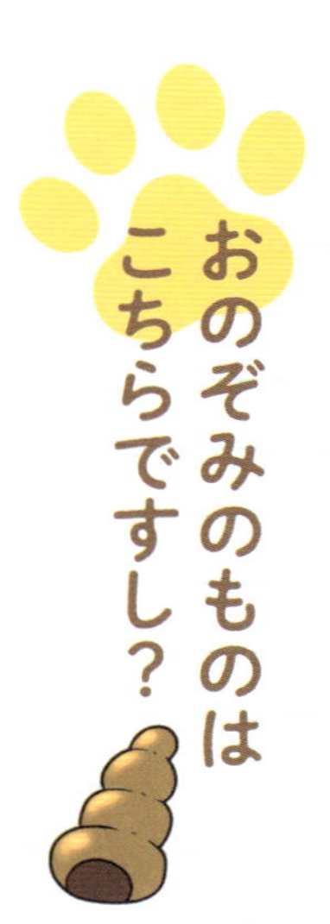

おのぞみのものは
こちらですし？

あ〜ちゃんのお気に入りパンしゃまですし〜♡

やべぇ
お腹空いた…
ガク
ガク
空き過ぎて
動けないンゴ…
ヨロッ

らんらん
あ〜ちゃん
ごじゃい〜!!
ごじゃい〜!!
!!
るん
るん

あい、
はらぺこおかしゃんに
これ、
あげまちゅね
ぽとり
ぬいぐるみ

あーちゃん!!
ああああ…
まめのは？
ウフフ
おかしゃん
おおよろこび
ですし〜♪
嬉しいけど
これじゃないの
おおおお
きゃぴっ

盗撮バレの瞬間

可愛い寝顔のためにはたとえコタツの中だって……！あっ、いやこれはその……（もごもご）

じゃあ2階で
まんが描いてくるね
あーちゃん
いいこでね♡
おかしゃんがんばです!!
はい
がんばってね～
ぐご～～～
ぐがが～～～
ぐふっ…
せっ
せっ
カリカリ
カリカリ
おとしゃん
そんなトコで寝てたら
風邪ひくよー
トン
トン
しーっ♡
ふごぉ～～～
ふぐぐふッ…
プピィ～～
ZZZ…
むっちゃ
むっちゃ…
あ
いびきが
成人男性並みに
大きい♡

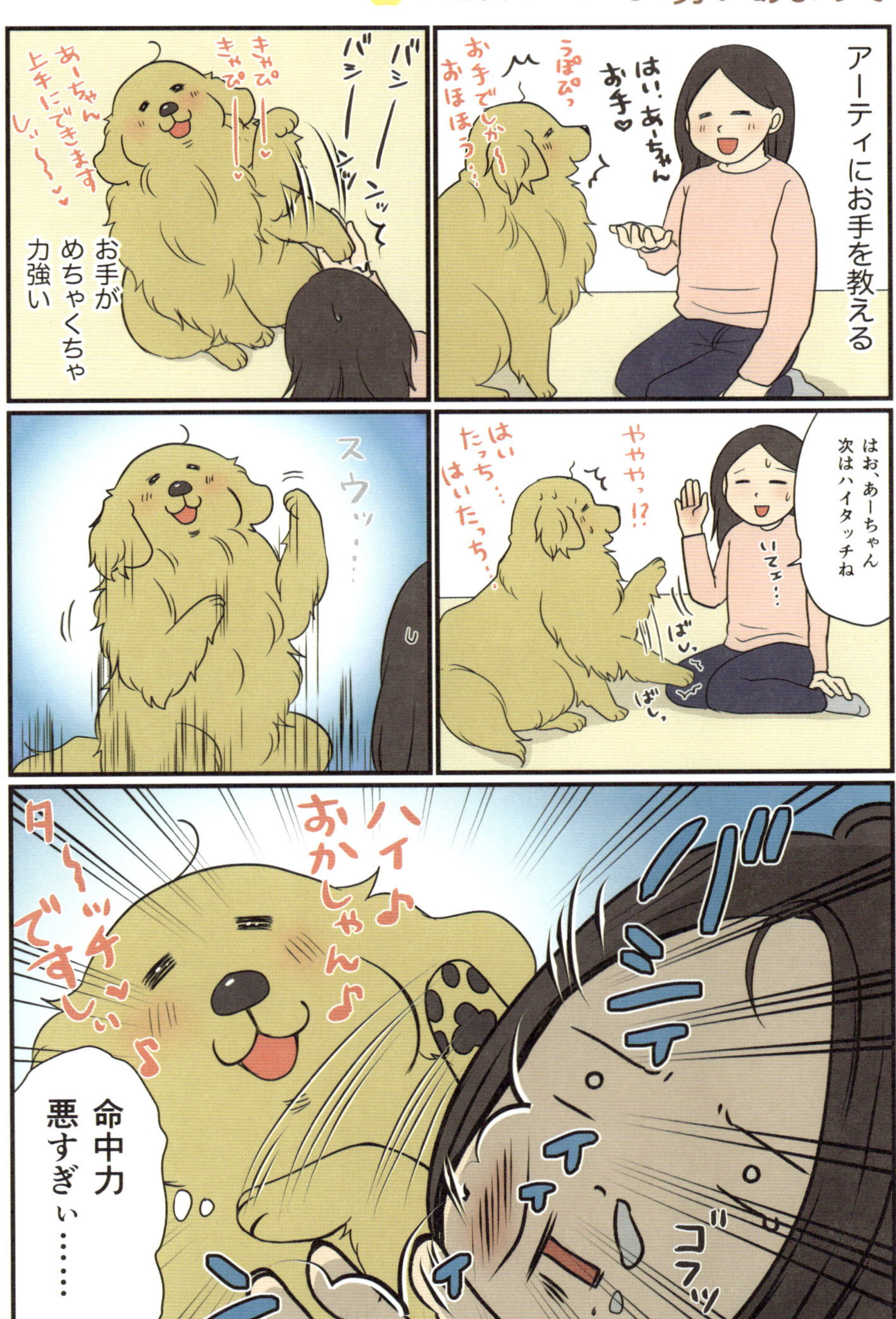
アーティにお手を教える
はい、あーちゃんお手♡
うぽぴっ
お手でしか〜 おほほう…
バシーンッ
バシーーンッ
きゃぴきゃぴーー!!
あーちゃん上手にできますぅ〜〜♡
お手がめちゃくちゃ力強い
はお、あーちゃん次はハイタッチね
いてェ…
ややや!?
はいたっち… はいたっち…
ばしっ
ばしっ
スウッ…
ハイおかしゃん♪
タ〜ッチですぅ♪
バシィイイイン
ゴフッ
命中力悪すぎぃ……

可愛いうっかり者

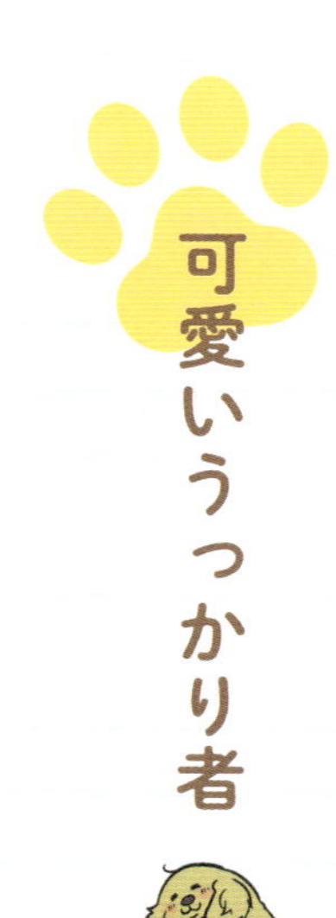

異変には気づいたものの、薬じゃなくてフードを出しちゃうあ～ちゃん。ひとまずお薬はちゃんと飲んでくれたのでひと安心です……。

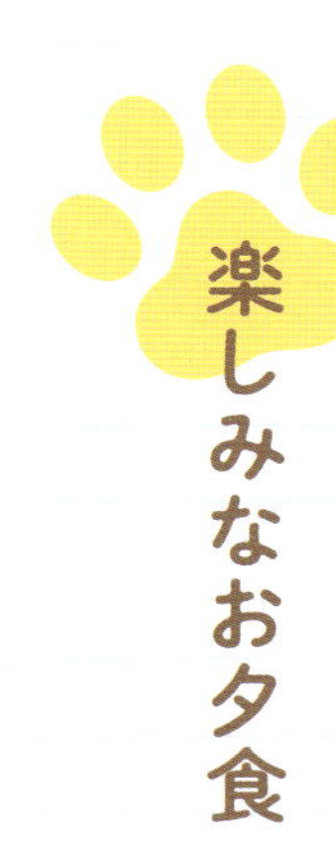

楽しみなお夕食

あ〜ちゃんはキッチンと食卓を行ったり来たり。ごはんを楽しみにしているようです。そしてしっかりと席に着く姿も可愛いです♡

運動音痴もここまでくるともはやあっぱれ

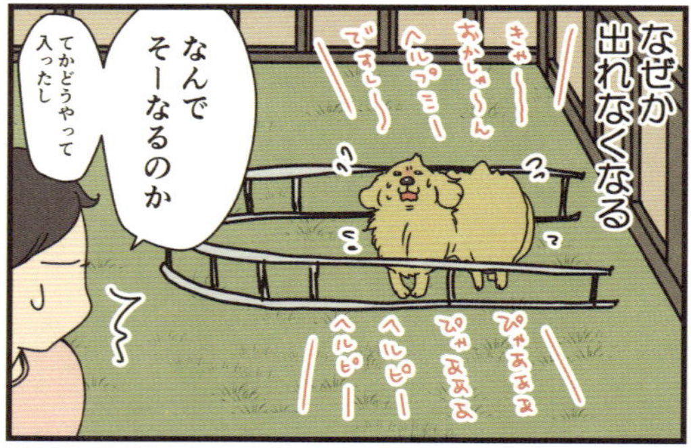

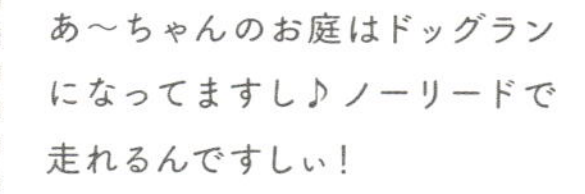
あ～ちゃんのお庭はドッグランになってますし♪ ノーリードで走れるんですしぃ！

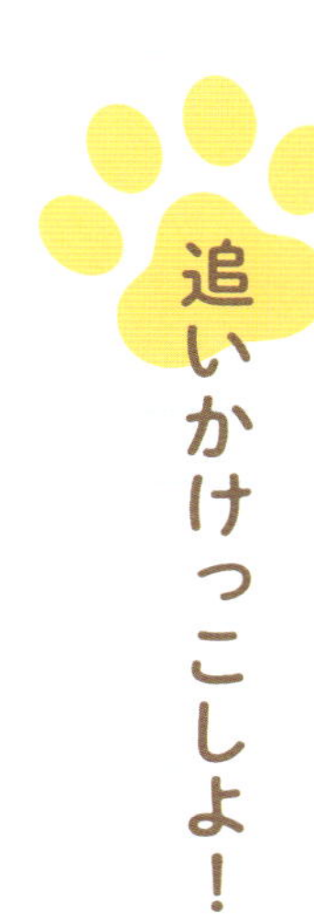

あ～ちゃん つかまえた～♡

きゃっ♡ おかしゃん やっとこれま ちたね♡

ぎゅっっ

っていう茶番を毎日庭でやっています

なぜかいつも私だけ走っている気がするんだけど……

チラリズム

久しぶりにサロンでシャンプーしてもらったあーちゃん
ウフフ♡
あーちゃん
あひるしゃんとなかよちになったんですし〜♡
しっとり
しとしと

家に帰ってトリマーさんからいただいたシャンプー中のあーちゃんをみてたら
んん??

にぱっ
・・・・・・・
モフモフの中に見慣れないナニカ。

すっごい可愛いチョーカー着けてもらったのに
モフモフの中に隠れてまったく気付けず!
うおおお〜ごめんよ〜
ぜんぜんわかんなかった〜
オフッ!?
シャカシャカ
ビクッ
シャンプーづかれ

シャンプー中のあ〜ちゃん。あひるしゃんとも仲良くしましたしぃ。

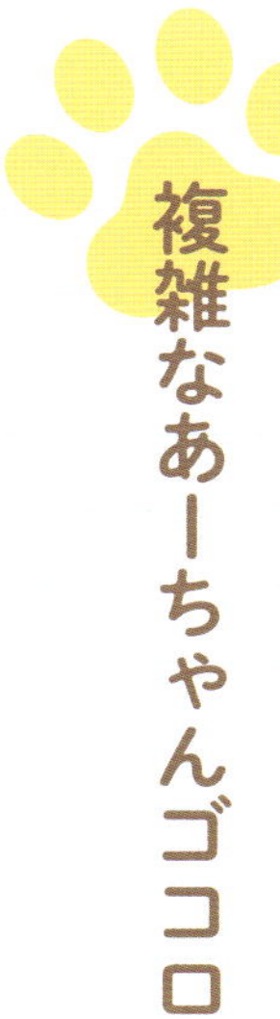

引っ張りっこ大好きあ〜ちゃん♡

今日はどれにしましゅか〜
パンの形のぬいぐるみ
パンの形のぬいぐるみはいろいろな種類があって、集めるのがとても楽しい♡楽しみながら壊していくので、定期的に補充しています♪
大きくてまめニャは遊べないニャ！
こうやって鳴らすんですし♡
パンクしないサッカーボール
おとしゃんのおくつ
くさくさですしぃ♡
おもちゃがないと、代わりに靴を持ってきて遊ぶことも…

あ〜ちゃんの好きなもの

あ〜ちゃんは引っ張りっこ
ができるおもちゃが大好き!
引っ張って欲しくて自分で
おもちゃを持ってくることも♡

※夜はおとしゃんといっしょにお散歩に行ってます

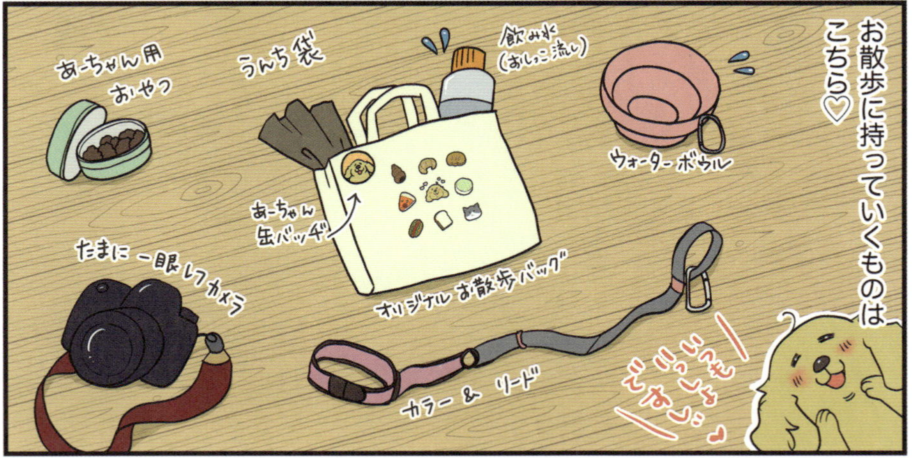

主なお散歩コースは
公園コースと牧場コース
START
モ〜
モ〜〜ゥ
うぃ〜んしゅ〜ん
のどかな畦道…
お池のまわりをぐるっと
モフモフですしぃ
ベンチでのんびり…
いつも30分〜1時間くらいを
のんびり歩きます

お散歩では季節の移ろいを
楽しんだり…
あったんぽっぽしゃん〜〜
あっもみじしゃん〜〜

人との交流を何より
楽しみにしている
あーちゃんです
大きいね〜
わ〜モフモフだし〜
おほほうありがとしゃんですしぃ〜〜
おっきいね〜

今日もあーちゃんは
今か今かと
おかしゃ〜〜ん
今日はどちらにしましゅか〜
きゃぴっ
お散歩の時間を
楽しみに待っています♡

こわこわお家の通り方

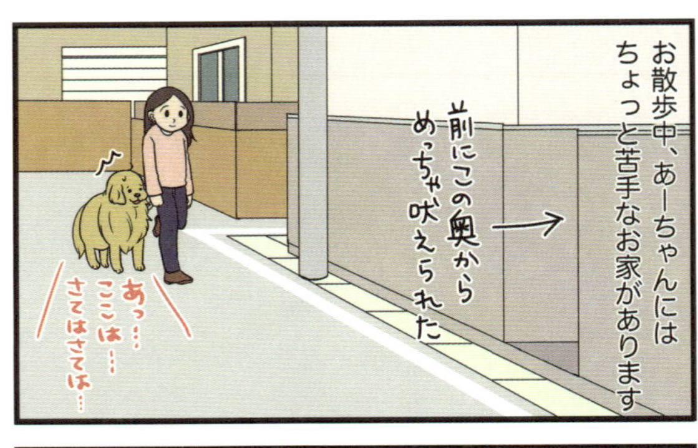

お散歩中、あーちゃんにはちょっと苦手なお家があります
前にこの奥からめっちゃ吠えられた
あっ…ここは…さてはさては…

そのお家が近くなるとあーちゃんの歩みがだんだん遅くなっていって…

あ〜ちゃんはおかしゃんのおちりになりまちたなのであ〜ちゃんはここにいまちぇん!!

コソッ

私の後ろに隠れていないふりをします

モロバレだけどね〜

そして前を通り過ぎる時は

きゃ〜〜〜っ

しょれ〜〜いちょげ〜〜たいひ〜たいひ〜〜〜ッ!!

とて とて とて

あーちゃん全力で小走りになります（決して早くはない）

その後は、いつも通りの楽しいお散歩♡
おかしゃ〜〜ん♥きょうは前になでモフしてもらったおうちに、あそびにいきまちょ〜〜
きゃぴっ♥♥♥
もうあの家に、わんちゃんいないんだけどなぁ……
は〜〜い

ちょっと苦手だったお家。最近は何度も通るうちにちょっと平気になってきました♡

群れ意識

一緒にジョギングして、ちょっとすらっとしたあ〜ちゃんですしぃ♪

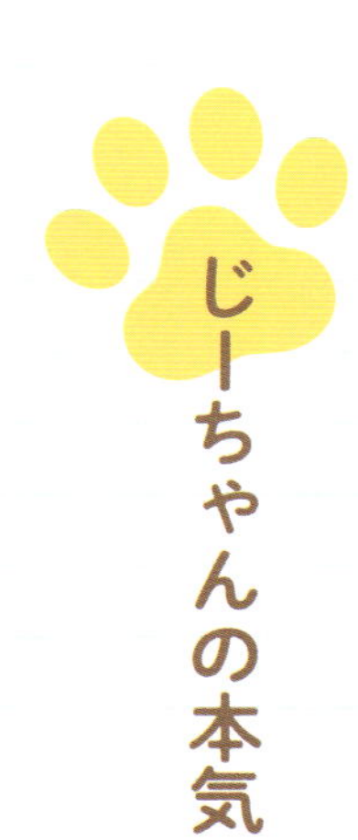

じーちゃんの本気

らんらん
あーちゃん ぽっぽですし〜♪
うぇいうぇい♪ ぽっぽですしぃ〜♪
おやっ!!
ヨロ…
ヨロ…

あっ どうも〜
ペこっ
おじいしゃま〜 いっちょに おしゃんぽっぽ しますし〜??
おお 寒い中 がんばるのぅ〜

ほれ
ちょっと まっとくれ〜 今いくでな〜
速ェ!!
サッ
サッ
サッ
カカッ
きゃぴ〜
2倍速!?

どれどれ でかいなぁ…
ヨボッ…
よ〜し よしよし
こいつぁ おとなしいなぁ〜
あ!! 速度もどった!!
しゅき!!
犬好き じーちゃんに ほっこり

うぇいうぇい♪
おしゃんぽっぽ♪

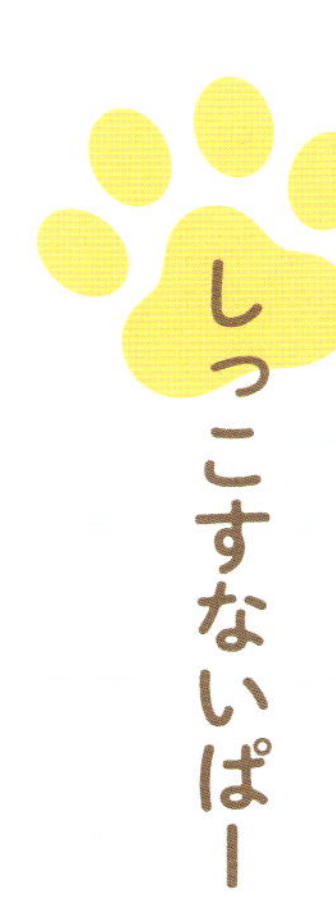

匂いを残さないとはなかなかやるニャ

あのコに重ねて

お散歩をしていると声をかけられ、以前飼っていた愛犬の思い出話を聞かせていただくことがよくあります。あ～ちゃんに愛犬の面影を重ねてくれたのでしょう。その気持ちを思って涙しました……。

出発の予感！

大好きなおしゃんぽっぽ！あ～ちゃんはもう待ちきれまちぇんよー!!

あ〜ちゃんは何色？

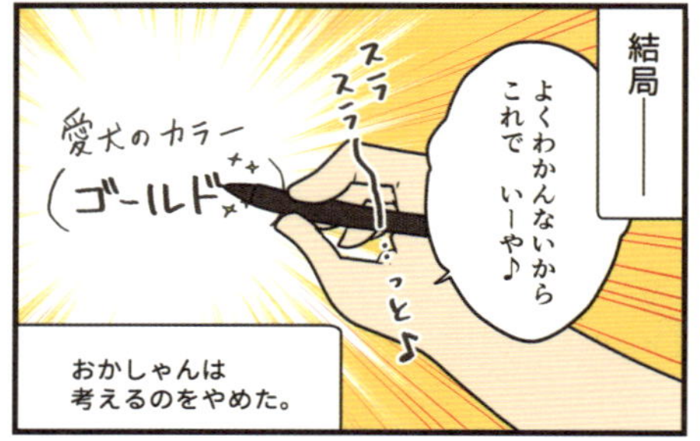

もうちょっと……。もうちょっとで届くですしぃ……

愛すべき石頭

あ〜ちゃんの大好きななんこちゅさん！はやくはやく〜！

あ〜ちゃん大解剖

アーティ
ゴールデンレトリーバー
女の子　関東出身
小さめ ぽっちゃり系な
わがままボディ♡
言語は
あ〜ちゃん語
語尾は「ですし」
キュートで
ビビりな
ハート♡
プリプリな
おちり
短めの
前脚さんたち
色はモスラ色
やっぱり短めな
後ろ脚さんたち

あ〜ちゃんはゴールデンにしては少し小さめです。
最近は歳をとってお顔が白くなってきました

まめニャの体重の５倍はあるニャ！

あ〜ちゃんを測ってみた

あ〜ちゃんの大きさ
大公開ですしぃ♪

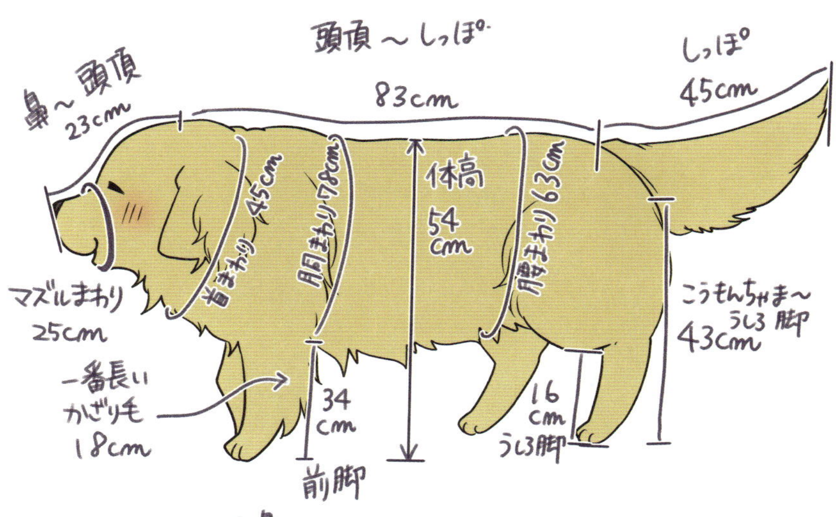

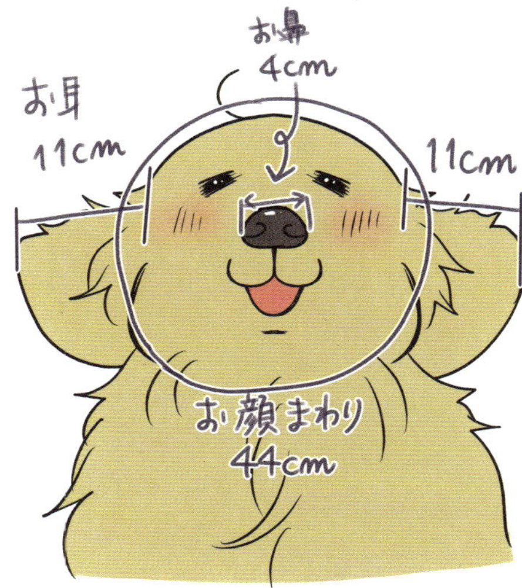

マンガでは大きく見えますが、実際に会うと小さいねと言われます。でも大型犬なので、やっぱりそこそこおおきいです！

あ〜ちゃん、じっとしてくれたのでサイズも測りやすかったです♪

おいしいものにだけ
はたらくお鼻
おいしいことと
おさんぽとモフモフで
いっぱいのあたま
つるつるの
あたま
長〜い
まつげ
チリチリの
耳毛
ときどき
かゆくなる
おみみ
はなみず
しまりのない
おくち
足のうらは
干し草の
かほり
どうでちたか〜？これであなたしゃまもあ〜ちゃんフリーク！
あ〜ちゃんの足の裏
モミモミしてあげるとお口を
ムッチャムッチャします♡

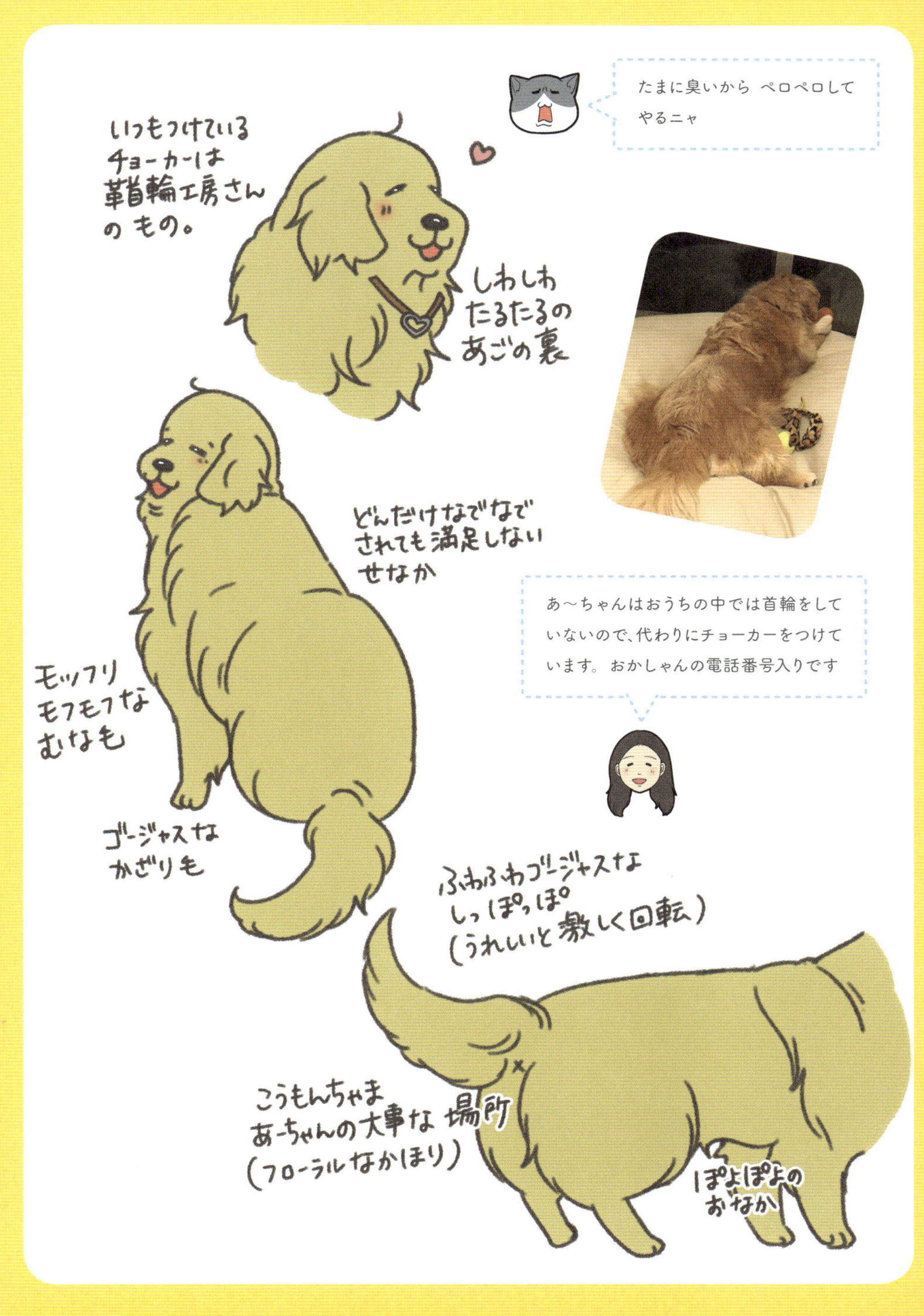
たまに臭いから ペロペロして
やるニャ
いつもつけている
チョーカーは
革首輪工房さん
の もの。
しわしわ
たるたるの
あごの裏
どんだけなでなで
されても満足しない
せなか
あ～ちゃんはおうちの中では首輪をして
いないので、代わりにチョーカーをつけて
います。おかしゃんの電話番号入りです
モッフリ
モフモフな
むなも
ゴージャスな
かざりも
ふわふわゴージャスな
しっぽっぽ
(うれしいと激しく回転)
こうもんちゃま
あ～ちゃんの大事な場所
(フローラルなかほり)
ぽよぽよの
おなか

にょほほ♡

第2章

まめちゃんがやってきたですし！

OSANPODESUSHI!

あれは忘れもしない
ゴールデンウィークのこと
気をつけて
帰んなさいね
アーティ
またな～
じ～ちゃま～
ば～ちゃま～
おたっしゃで～
私の実家に帰省した
その帰りでした
アーティ2歳
フギャー
フギャー

ねぇ
なんかさっきから
変な声しない？
フギャー
すごく必死に
鳴いてる声がするね
フギャァァ～
フギィ～
実家から少し離れた
駐車場のそばに
それはいました
あっ
フギャース
フギャース
スギャー！
フギィ～！

フギッ…
フギャー…
フギギッ…
仔猫だ…

捨てられたのかな…
まだこんな小さいのに
フギャーー！
フギギィ〜
そうみたいだね…
ひどいなぁ
こんな所に
うちは無理だよ
あーちゃんがいるし
ヨロ…
ヨロロ…
やや!?
仲良くできるか
わからないでしょ?
あっ
ヨタ…
ヨタ…
あんよは
じょうず〜
ですし〜
出てきちゃった……
ニニッ
フラ…
フラ…

こんにちわ～
あ～ちゃんですし～
ペロッ

大丈夫だよ!!
こんなに仲良しだし!!
ふあっ!?
感動っ
ひょいっ

それに、箱から出れちゃったら
車にひかれちゃうかもしれないし
5月とはいえまだ夜は寒いし
このまま死んじゃうかもしれないじゃん
キッ
ペロ
ペロ
がばっ

じゃ…
とりあえず病院…
連れてって
みよっか…
かわいい
かわいい～～
何か前にも
こんなことが…
スリ
スリ
スリ
きゃぴっ

生後10日くらいの女の子ですね
病気はありませんでした
目ヤニもなくきれいなので人の元にいたのかもしれません
ふぎ～
ふご～
しぇんしぇ～しゃき～
しゅきですし～
離乳してませんので3時間おきにミルクをあげてくださいね
粉ミルクは当院で販売しています
コロ
お腹が張っているので便秘かもしれません
ミルクの後お尻を指で軽く刺激して排便を促せてあげてください
コロ
小さすぎて自分でおしっこを出せませんのでミルクの後に濡れたティッシュでトントンすると出すと思います
爪がしまえるようになるまで素早く動けませんのでアーティちゃんに注意してあげてください
あと何かありましたら早めに病院に来てくださいね
なんか大変なことになってしまったとこの時悟った。
はい…
ネコを迎える予定など全然なかったのに…
ミルクちょーらい～
ボク昼間仕事だからあとヨロシクね～
なぜかこの小さな命はわたし一人の手に託されてしまった
このコお口周りの模様が豆大福みたいだから
名前はまめちゃんにしよう
まめちゃんと仲良くしてねあーちゃん♡
だれニャ？
まめちゃ～ん
よろしくですし～

まめちゃんは夜中もしっかり3時間おきにミルクを求めて鳴いてくれたので
いま何時…？
ねぶそく
もうわかんね…
すやっ
わたしは忘れることなくしっかりまめちゃんにミルクをあげることができました
まめちゃんはミルクをいっぱい飲んで
ごっきゅ
ごっきゅ
すくすく大きくなりました
まめちゃんミルクおいちかったですこ〜〜？
勢い強すぎておしりがあがってしまう
アーティもまめちゃんのお尻を舐めてあげたりして子育てのお手伝い
がんばれ〜
ふんっ
いつの間にかトイレも覚えて無事 離乳もできました
トイレトレーニング中
まめちゃんおいちいでしゅか〜？
まっく
まっく

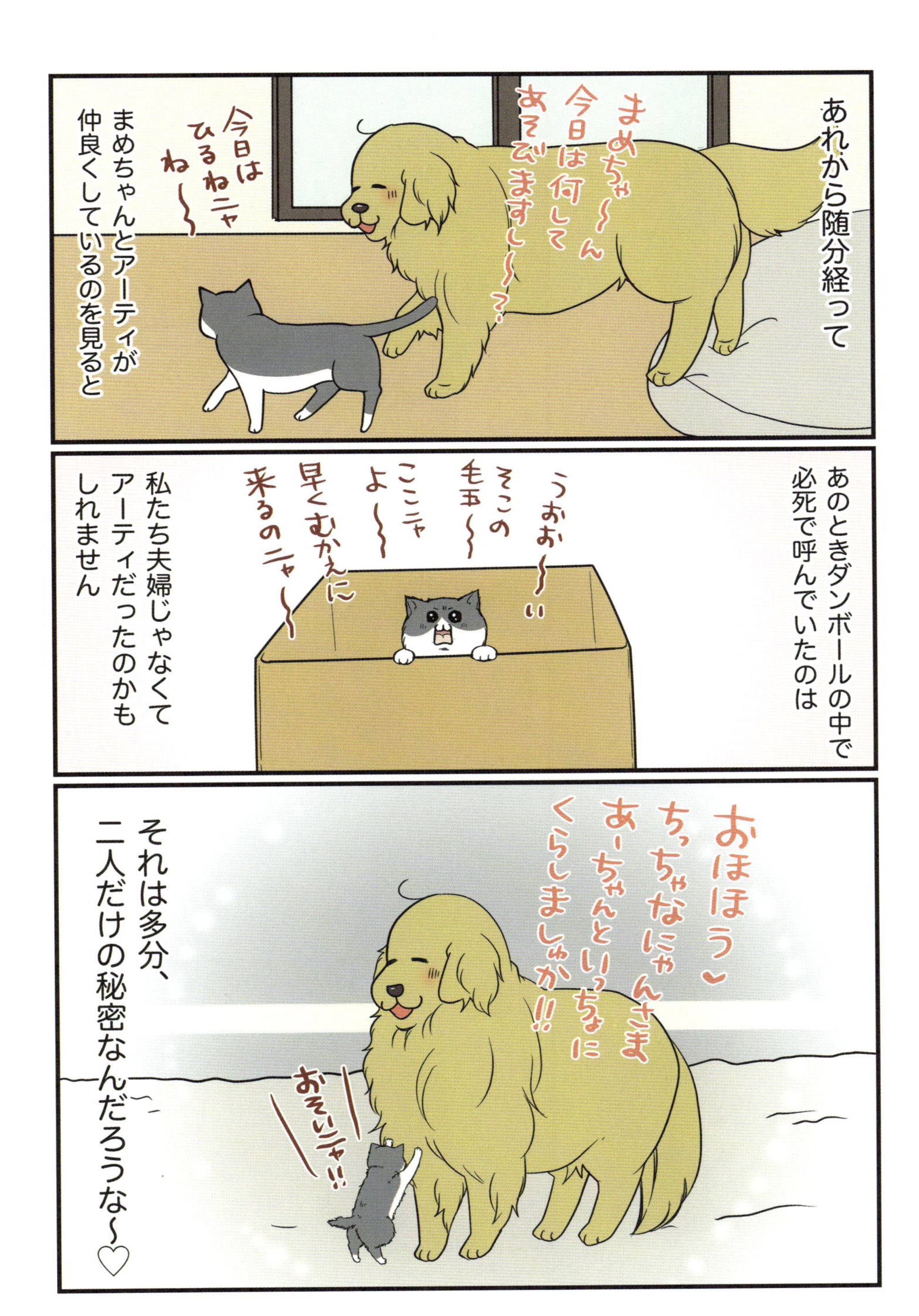

あれから随分経って
まめちゃ〜ん今日は何してあそびますし〜？
今日はひるねニャね〜
まめちゃんとアーティが仲良くしているのを見ると
あのときダンボールの中で必死で呼んでいたのは
うおお〜い
そこの毛玉〜
ここニャよ〜
早くむかえに来るのニャ〜
私たち夫婦じゃなくてアーティだったのかもしれません
おほほう
ちっちゃなにゃんさまあーちゃんといっちょにくらしましゅか!!
おそいニャ!!
それは多分、二人だけの秘密なんだろうな〜♡

まめちゃんは大忙し

ふんぎゃっ
ふんぎゃっ
まめちゃん何怒ってんの?
トリさんでも来た?

スッ…
何なに甘えたいの?
なでなでタイムなの?
コテッ
うれしい

も～♡まめちゃんはかわいいな～♡
あまえっこしゃん♥
ゴロゴロ…
ニャにっ!?
あっ鳥さん、また来たよまめちゃん!

フギャッ…!!
フンギャッ…!!
ゴロゴロ
ゴロゴロ…
ちゃんと甘えながら威嚇もしつつ器用だなまめちゃん……

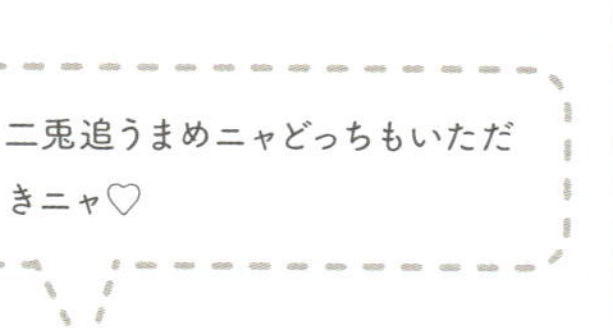

二兎追うまめニャどっちもいただきニャ♡

まめちゃんオンザフトモモ

ツンギレまめちゃんが
お膝に乗ってくれるように
なった!

大歓喜

このちょうどいい重み…
ハァ
ハァ
ふわふわ感
あたたかさ
もう至福の時!!
ふにぃ…

あっ
寝返りする!
くねくねしてる!
かわいー♡
かわいー♡
んにゃ〜
んにゅう…

ほげェ……
白目
寝顔むっちゃ
ブサイク…!!
ゴロン
ブフッ
だめだ…
うごいたら
おきちゃう…
プル
プル
プル

まめニャの天使の寝顔ニャ!

遊びの流儀

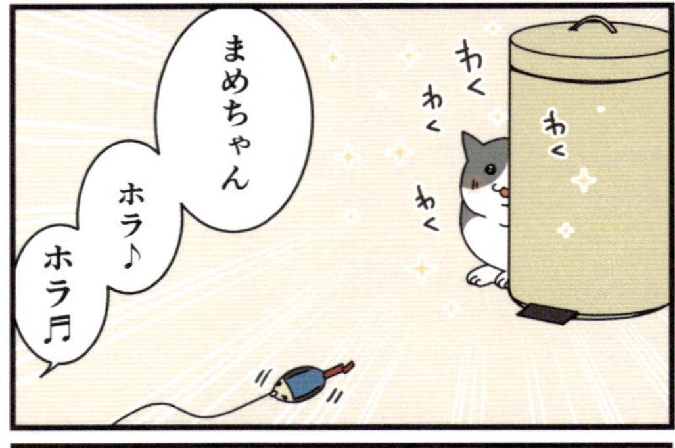

めんどくさい設定中のまめちゃん

ちょっと!! もっとシャキッと動かしてほしいのニャ!!

ギャアアア

ええ!? ネズミは私が動かしてる設定でいいのぉ!?

も〜わがまま〜

狙った獲物は逃さないニャ！

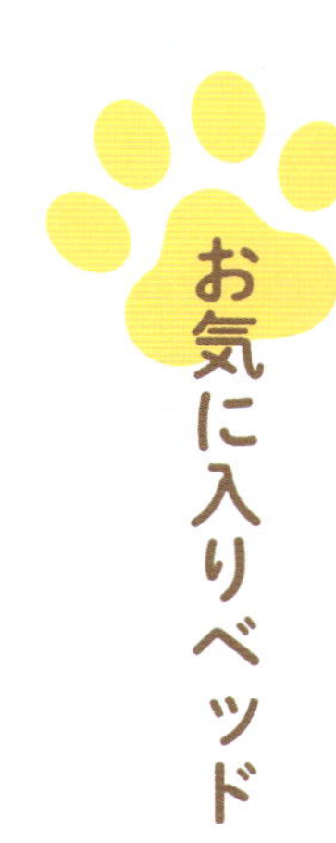

お気に入りベッド

最近の
あーちゃんのベッド
完全にまめちゃんに
のっとられた
べっべ〜〜ん

そろそろ
カバー洗うからね〜
よっこいせっと…
まめちゃん
お退きあそばせ〜♪
コロコロ
コロロ〜…

そんで
新しいカバーを
かけてやると…
……
でってで〜ん
わ〜
しんぴんの
ベッドみたい!!
でちゅね♡

これ
まめの
ベッドじゃ
ニャい!!
さっきのも
まめちゃんの
じゃないよ
まめちゃんの
ベッド、いっぱい
あるでしょ。

おっきなベッド、
贅沢に使うニャ〜♡

まめちゃんの一日

ムニャ
ムニャ
ニャ….
zzz…
まめちゃんの朝は早い
ガリガリガリ
ドンドン
ガリガリガリ
ドンドン
ブニャ〜
ブニャ〜
おとしゃんの起床時間の30分前には起こす
ちこくニャよ…
まだ早いよ まめちゃん…
4:30
し
起こした人は見送らず その場で二度寝
まめニャのものニャ〜〜
ドフッ
アーティが起きたら一緒にご飯♡
シュバババッ
カッ
カッ
うまうまですぅ

その後は好きな場所で
ゆったりねんね
まめニャは
さむいの
苦手ニャから〜
夏は冷え過ぎない
二階のベッドで
冬は陽当たりのいい
ダイニングや
おとなりさん
おでかけ
かニャ〜ここ
アーティのベッドで
過ごします
まめちゃん
ねごこち
いかが
でしょか〜
なかなかニャね。
まめニャの
ベッドに
するニャ♥
ちなみにまめちゃんは
たくさんの専用ベッドを
所有していますが…
窓用ベッド
(たまに入る)
ねこ型
高級ベッド
ふろくの
ベッド
ぬくぬく♥
きんちゃく型
ベッド
……
夏用
メッシュ
ベッド
みかん
なつかしの
ダンボール
ベッド
ほとんど使ってくれません
ホットカーペット
フローリング
タイル
zzz
ぬく
ぬく♥

一人を好む
まめちゃんは
かくれんぼ好き
まめちゃ〜〜ん
あーちゃんのベッド
どうでしゅか〜〜？
さむくないでしゅか〜〜？
うるさい
ニャ〜〜
ゴソ
ゴソ
アーティの
ベッドカバーの中

まめちゃ〜〜〜ん
まめちゃ〜〜ん
くるっ
ここ
ニャ
まめちゃん〜〜
どこぉぉぉ〜〜
お気に入りの
デスクチェアの上

まめ〜〜〜
まめちゃ〜〜ん
ZZZ
スヤモフッ
お布団の中

スピーカーの上も
かくれてないのに
すごく見つけづらい
ここあたたかいの
知ってるニャ
白と黒の
世界

そして
来客があると…
ピンポォ〜〜〜ン♪
んニャ？

ピャッ
ベッドの下で
かくれて過ごします
なにヤツ
ニャ…
はやく
出てけ
ニャ〜〜…

そんなこっそりまめちゃんも
夜は自ら出てきて おとしゃんをお出迎え
よく帰ったニャ
ゆっくりするといいニャ
トン
トン
あっまめちゃーーんー♡
ただいまーー♡
おとしゃーん
大好きなおひざの上で
ゆっくりと過ごします
ふにゃ～
ふにゃ～
ゴロゴロゴロ…
ゴロゴロゴロゴロ…
猫であるがゆえに
自由気ままに暮らすまめちゃん
いいニャンコはヒミツも多いのニャ♥
フリ
フリ
その暮らしは飼い主にとっても
少しミステリアス
でもまめちゃんはどこにいても
あしたこそ世界征服ニャ～～♥
まめちゃんってだけで
充分に可愛いのだ♡

まめちゃんポイント

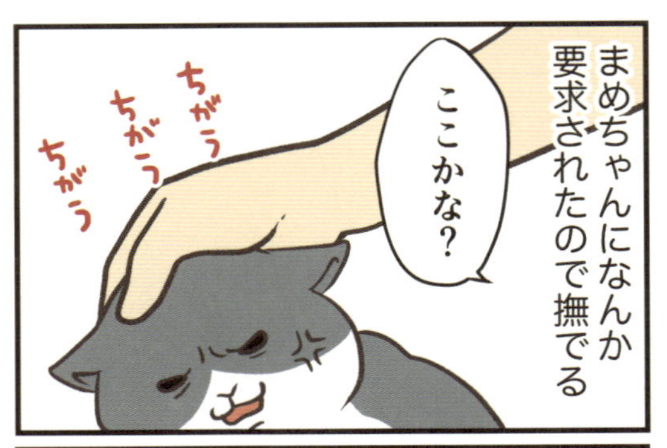

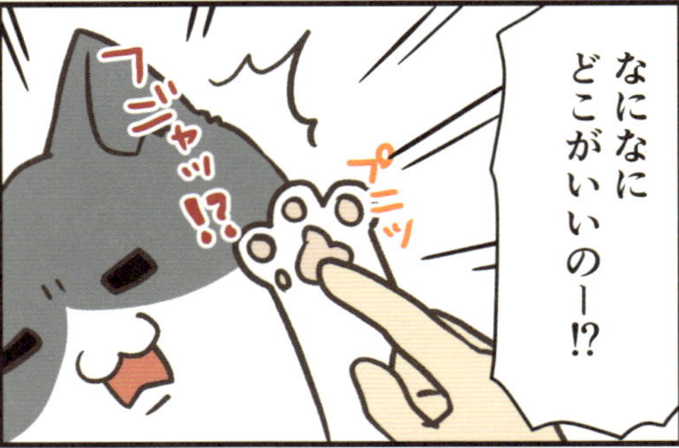

まめちゃんのなでなでポイント、まさかの肉球！嫌がるかと思っていたのですが、肉球触って欲しいときもあるとは新発見！

サービス精神

まめニャの姿を見てみんな大喜びニャ♡

ケータイぬくとめ犯その2

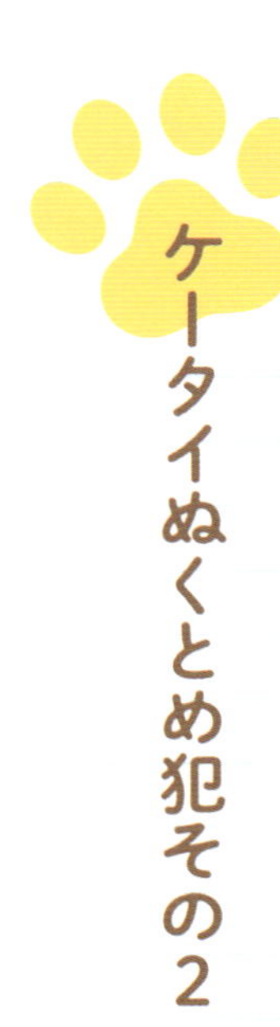

にゃんこって、スマホやタブレットの上が好きですよね！まめちゃんも例に漏れず、乗ってきます。ちょっと暖かいのが気持ちいいのかな

居座り屋

気に入った場所から絶対にどきたくない。こういうときのまめちゃん、すっごく頑固です

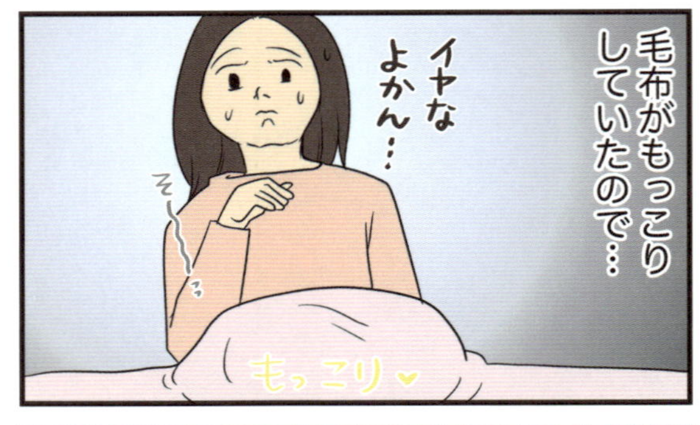

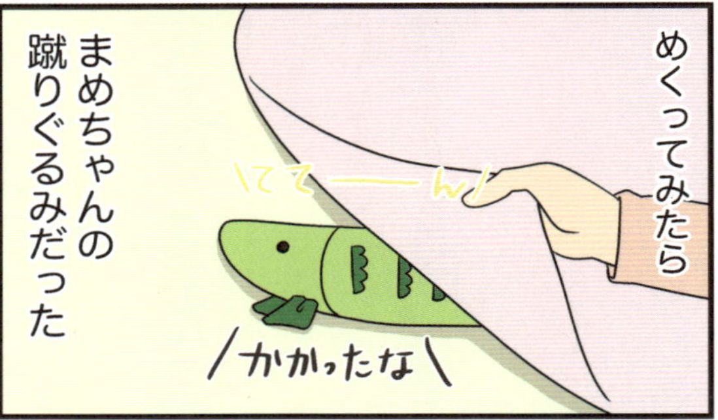

海外ドラマなどでベッドに人が寝ているようでめくったら……、ひぃ！みたいシーンよくありますよね。このときはまさにそんな感じでした。プロハンターまめちゃん……

のりのりでシュート！

ナイスシュートニャ～♪

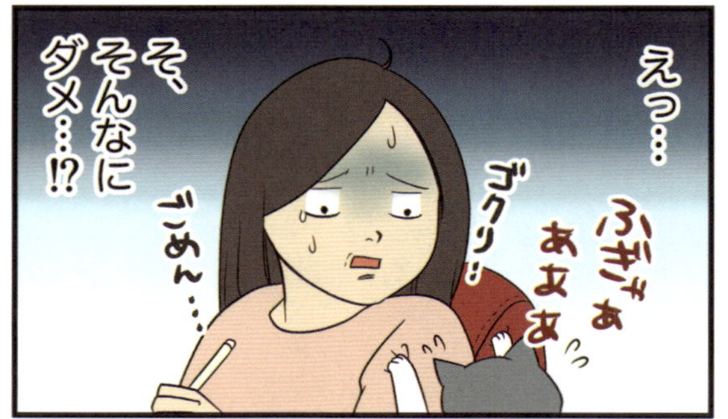

下手くそな歌を聞くこっちの身にもなって欲しいニャ!

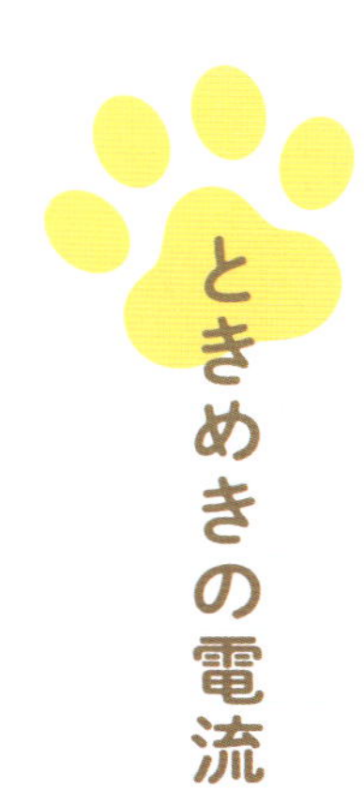

ときめきの電流

乾燥している時期にモフモフ達とふれあうと、静電気がバチバチ。その度にビックリさせちゃってます

まめちゃんの
好きなもの
クリスマスツリーの
オーナメント
木になってた
気になるヤツ
にゃ♡
キラキラのボールをパンチしたり、ツリーから持ってきて遊んだりとクリスマスシーズンはまめちゃんのおもちゃでいっぱい♡
アーティのしっぽ♡
フサフサしてて
気になるのニャ
ちょい
ちょい
アーティのふわふわ尻尾はまめちゃんの絶好のおもちゃ♡
小さい頃はよくこれでまめちゃんを遊んであげていました。

シャカシャカいうおもちゃ
まめちゃんのおもちゃ
いいでしゅね～♡
レーザーポインター型
のおもちゃも好きです
が、やっぱり実際に捕
まえられるおもちゃが
お気に入り♡
レーザーポインター型の
ねこじゃらし
なにやつっっ
スウェット
パーカーの
ひも

お外の怪しいヤツ

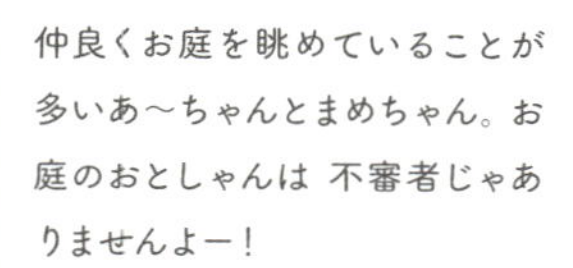

仲良くお庭を眺めていることが多いあ〜ちゃんとまめちゃん。お庭のおとしゃんは 不審者じゃありませんよー!

たかいたかーい♪ あ〜ちゃんにもお願いしまーすし♡

ぐおおおおお！ あ〜ちゃんのためなら——！

だって他ならぬまめちゃんのお願いだもの

どんなに眠くても、遊ぶ時は"本気"がモットーのおとしゃんです

怖がりまめちゃん

ザアアアア…
ゴャアアアア〜〜ッ
ゴャアアア……
まめちゃん
大丈夫
風が強いだけよ
お家の中にいたら
安全だから
ボアア…
この世のおわりニャ…
まめ死んじゃうニャ…
だめニャ…
きけんニャ…
ヨロ
ヨロ
あの下に
かくれるニャ…
これで
安全ニャ…
フウ…
ドキ
!?
ブフォッ
?
ゴャアアア
アアアア〜〜
〜〜ッ

おねだりモード

ごはんのおねだりだったり、おやつのおねだりだったり。こういうときはふたりでタッグを組んで来ます

遠慮しい

朝、用事があるっぽいのに
なかなか来ないあーちゃん
あーちゃん
どーしたの
こっちおいで♡

ウフフ…♡
おねぼう
おかしゃん♡
あ～ちゃんが来まち
たよ～～♡
ふり
ふり
のび～～ん

あのあの～
あ～ちゃんも
そこ、
のりたいん
でしゅ
けども～
ウロ
ウロ
ウロ
だめニャ

イマイチ
押しの弱い
あーちゃん
あっち
いってニャ!!
フニュ
キャぴ～
やめて
くだちぃ

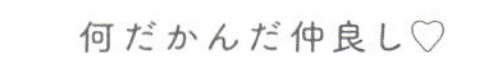
何だかんだ仲良し♡

往復尻尾ビンタ

町内のみなさんに、
朝のご挨拶♡

愛の大さじ2杯

あーちゃん、まめちゃんの夕ご飯は、おとしゃんのお仕事
ごはんですよ〜〜♪
わ〜♡
ごはん!!
はやく
してニャ!!

まめちゃんのごはんは(我が家では)大匙2杯と決められてます
プル
プル

大さじ2って
ボソッ
さじ大盛2杯って意味じゃないから……
ビクッ

!!
そんくらい知ってるモン!!
はやく
バカなのか
まめちゃんに甘いのか
それともただのバカなのか

以前、まめちゃんを太らせてしまったことがあり、それ以来ちゃんとごはんを測るようにしているのに……

まめニャのごはんは多くてもいいニャよ〜♪

まめちゃ〜〜ん
まめちゃ〜〜ん
ごいっちょいいですし〜〜〜
ニャにっ!?
ココはまめニャのばしょニャから!!
近づいたらボコるニャよ!!
フンガー！ッ
ご…ごめんニャちゃぴ〜…
カーーッ
しゅ…
しゅみまちぇぇぇん…
やや!?
おかしゃ〜〜ん
またまめちゃんにおこられちゃいまちた〜〜
そうか〜〜よしよし
ピトッ
モフモフしてもらっちゃいまちた
きゃぴっ
がふ
がふ
がふ
は〜〜〜
いい天気ですし〜〜〜
ボーーッ
まめちゃ〜〜ん♪
あーちゃんと午後のおひるね
ごいっちょしましょ〜♪
もうさっきのコト忘れて戻ってきたニャ!!
カーーッ
のこ
のこ

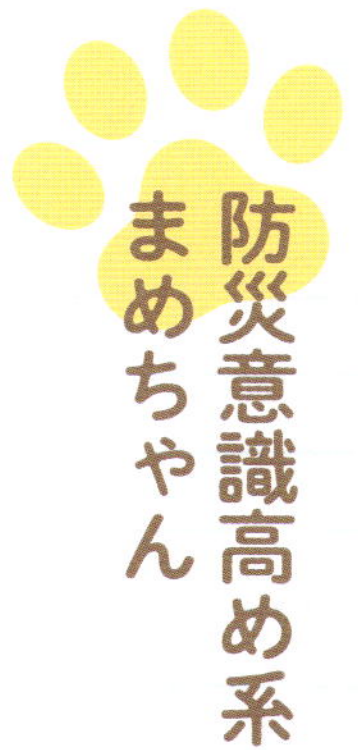
防災意識高め系
まめちゃん

台風が来ようとしている夜
よう
よう
ニャ…
ニャ・・
ニャニャ…
珍しく気弱な声で鳴くまめ

こんな強い風…もうだめニャ…みんなおしまいニャ…みんな飛ばされても、まめニャだけ生き残る術は…!
ガクガク
ブルブル
まめちゃんすげぇびびってるけど、台風これから来るんだよ
かみ切りました

ほらあーちゃん見てみ
すやもふっ
いつもと同じ何事にも動ぜぬ寝顔だから
あいつ!!
またゆだんして!!
くわっ

まめニャはここで台風をやりすごすニャ!!
机の下
まめちゃんそれ地震の時だけ
まったく…
台風にそれ意味ないから
もう寝るね〜おやすみ〜

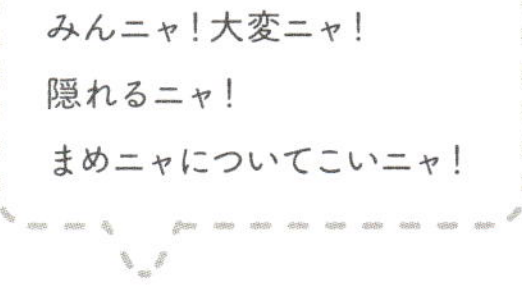
みんニャ！大変ニャ！
隠れるニャ！
まめニャについてこいニャ！

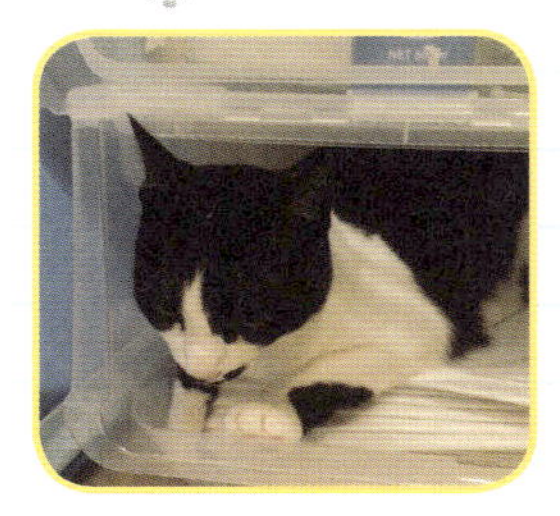

099

それぞれの反応

しっかり聞いてくれるあ～ちゃんと、はぁ？みたいな顔するまめちゃん。どっちもかわいい！

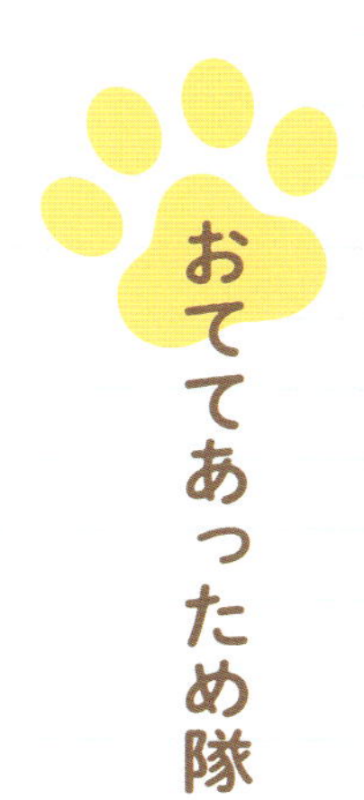

おててあっため隊

ごめん寝コレクション☆

内弁慶

今度来たら捕まえるニャ！

そしたらお友達ふえましゅね〜♡

行け！アーティ！

まめちゃんのお誕生日

まめニャのプレゼントは年中受付しているニャ～♡

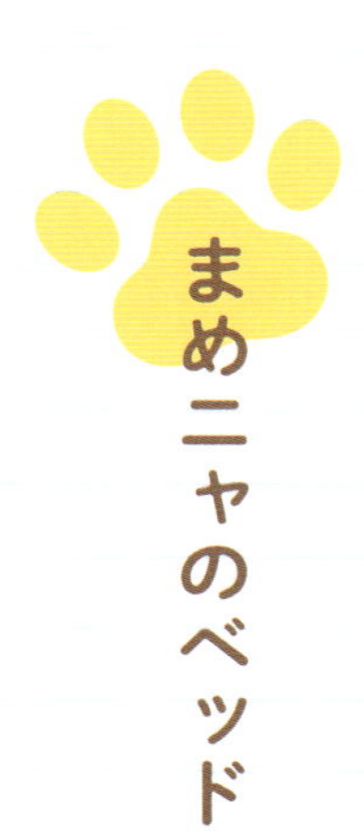

まめニャのベッド

あ～ちゃんのベッドがお気に入りすぎて、自分のベッドを全然使わないまめちゃん。二人で仲良く寝ていることもしばしばあります

愛のもみもみ

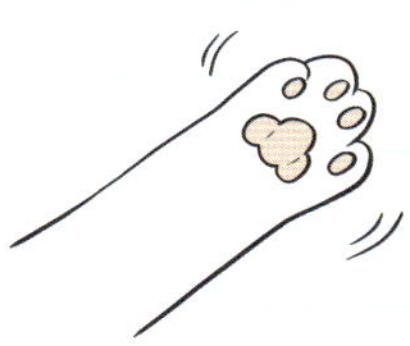

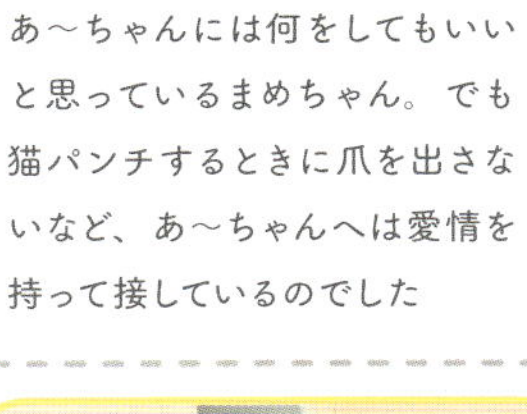

あ〜ちゃんには何をしてもいいと思っているまめちゃん。でも猫パンチするときに爪を出さないなど、あ〜ちゃんへは愛情を持って接しているのでした

あ〜ちゃんは衣装持ち！下のはおとしゃんとのペアルックです♡

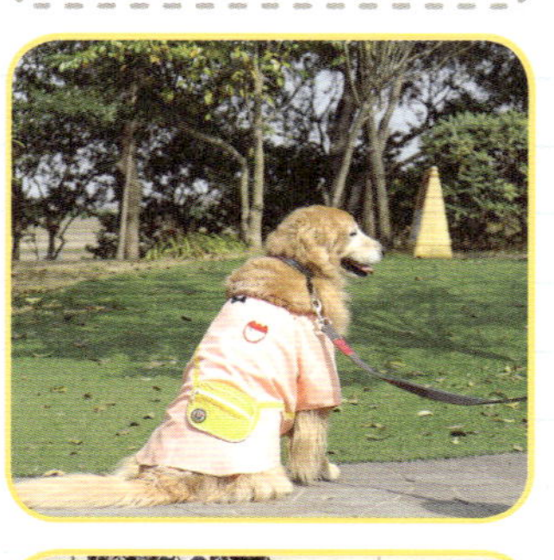

若い頃のまめちゃんはよく戦いを挑んでいましたが、あ〜ちゃんはそんなことにも気付かず、まったり。昔から面白いコンビでした♡

カリカリパワー

カリカリ2個という相場もさることながら、それで納得しちゃうあ〜ちゃんって……

その目は見ていた

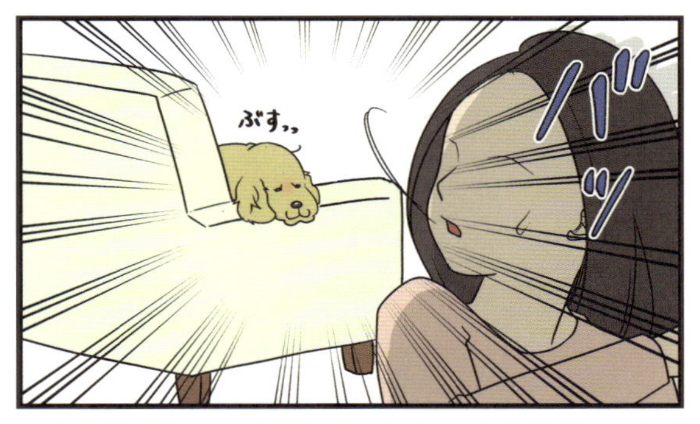

その昔、あ～ちゃんがまめちゃんのおもちゃを取ってしまうことが多かったので、あ～ちゃんが寝ているときを狙って遊んでいました。今でもこのときの怒ったお顔はいい思い出です

お水の飲み方それぞれ

以前はまめちゃん用に別のお水を用意していましたが、あ～ちゃん用のお水入れからしか飲まなくなってしまいました

かすかなぬくもり

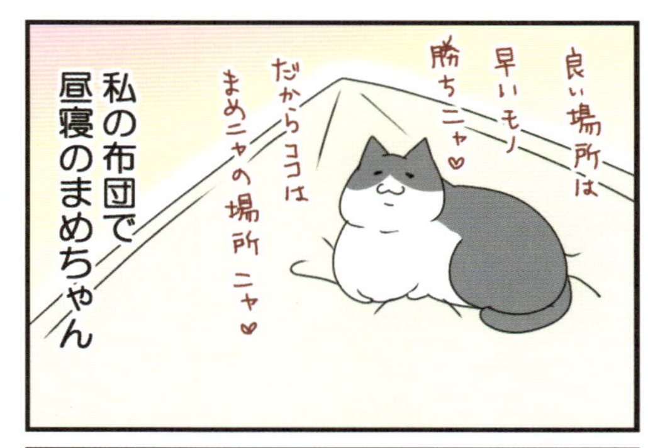

良い場所は
早いモノ
勝ちニャ♡
だからココは
まめニャの場所ニャ♡
私の布団で
昼寝のまめちゃん

ちょっとウンコ
したくなったニャ〜…
!!
はッ
のびーーん

カサ
カサ
カサ
カサ
♪
だ〜
うんこ
うんこ♪

まめちゃんの残した
ぬくもりを楽しめる
この一瞬の幸せと
きたらもう…!!
スリスリスリ
スリスリスリスリ
あったけぇ
あったけぇよおおお
お…
おかしゃん…!?

まめちゃんの寝ていた後に残ったほのかな温もりがもう、たまらなくて！至福のひとときき♡

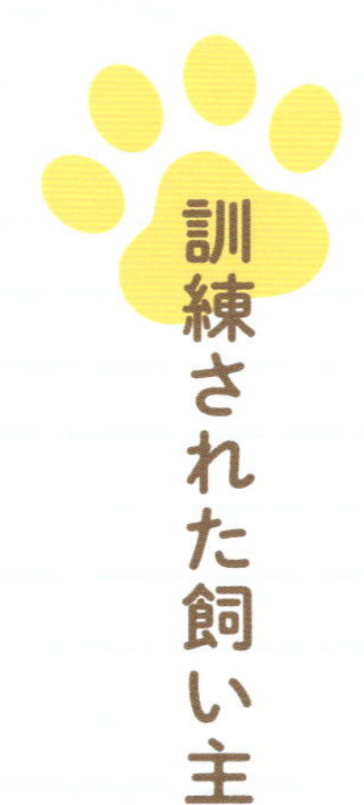

訓練された飼い主

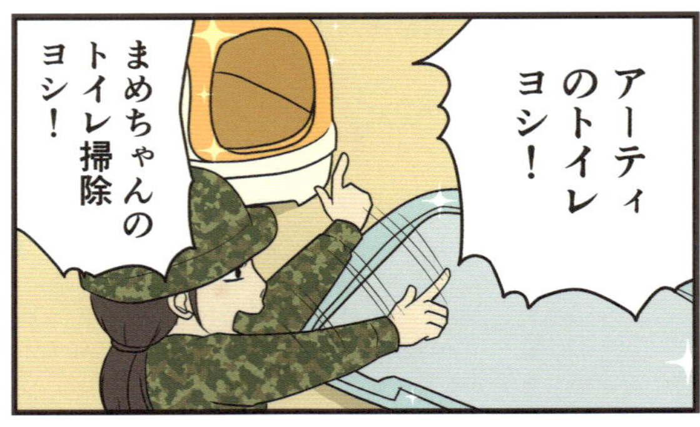

アーティのトイレヨシ！
まめちゃんのトイレ掃除ヨシ！

よ～しよしよし
まめちゃん可愛いよし！
アーティも可愛いよし!!
スリスリスリ

まめちゃんの寝る場所の
このまま朝までたいき!!
確保、抜かりなくよし!!

本日も異常なし!!
そう…私は
訓練された飼い主!!
すやぁ…

モフモフ達との生活も長くなると、お水の残りやまめちゃんの居場所などをこまめにチェックするのが習慣となりました

まめちゃんのごはん要求は
あ～ちゃんよりすごい！

窓辺でねんねは最高
ですしぃ！

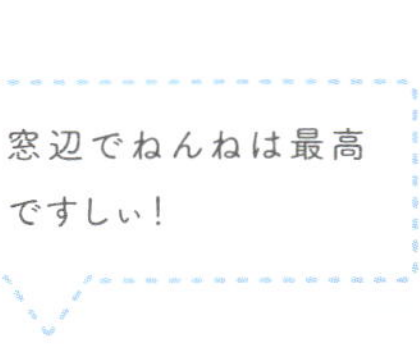

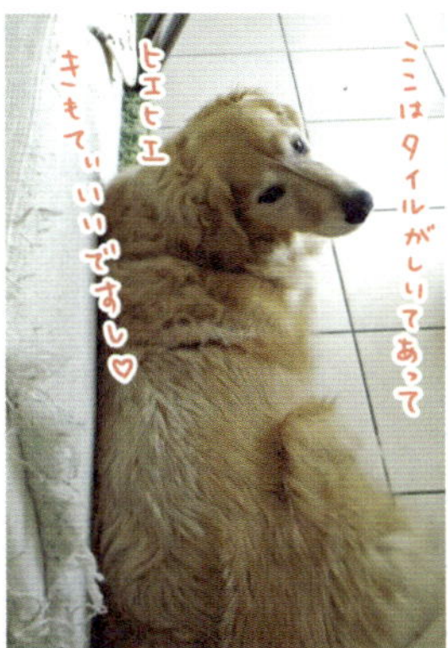

まめもここが好きニャ！
陽当たりいいし、鳥も見えるニャ♡

まめちゃん 大解剖

まめちゃん

ハチワレ猫 愛知出身
女の子 ちょっと小さめ

白黒ハッキリ
させたい体毛
と性格

猫舌、または
毒舌

きっと丈夫な
ハート

あーちゃんのゴハンも
食べちゃう胃ぶくろ

イライラしたら
しなる しっぽ

全体的に王者の風格

まめニャの
スリーサイズは
ヒミツにゃよ♥

まめちゃんは
メジャーで
遊んじゃったので
計測不能

まめちゃんはあ～ちゃんよりずっと小さいにゃんさまでしゅが、あ～ちゃんよりかちこくて素早くてとにかくすごいんですしぃ！

力強い
おみあし
プニプニの
肉球
甘えたいときに
ふるえる
しっぽ
りりしく立った
おみみ
おこると
ぶわっと
逆立つしっぽ
まんまるの
おかお
かわいい
おしりは
さわるとキレる
不礼者には
ようしゃない
おくち
なでなでうれしい
ポイントのあご
さわる者
みな
ひっかく爪
アボカドに
にてるよ
くりくりの
おめめ
AVOCADO
まっ白な
むなげ
仔猫の時はグレーだったまめちゃんのおめめ。今では金色のような緑のような、綺麗なおめめです♡
大好きな
お魚さんの
けりぐるみ
お気に入りの
おもちゃさんたち
強力な
キックキック!
他よりちょっぴり
長い腹毛
これで足を鍛えるニャ
とにかくいるだけでかわいい!寝ていても起きていてもかわいい!それがまめちゃん!
油断してると
パンチしてくる
おてて

まめちゃんこんなにちっ
ちゃかったんでしゅねぇ。
なつかしですし～

あ～ちゃん まめちゃん ふたりのアルバム

家に来てすぐのまめちゃん。
アーティの手と比べると、
その小ささがわかります

アーティを特に怖がる様子もなく、
匂いを嗅いだりペロペロしたり。

ミルクをいっぱい飲んで、すぐに元気に！

アーティはまめちゃんが近くにいるとき、
じっと動かないようにしていました。

ミルクの後はアーティが
お尻を舐めてあげていました。

まめちゃんを怖がらせない
ようにしていたのかなぁ

窓辺でくつろぐ
まめちゃんとあ～ちゃん。
ふたりのお気に入りの
場所です。

一緒のベッドで寝
て、一緒のお水を
飲んで過ごしてきた
ふたり。これからも
ずっと仲良しさんで
いてほしいな♡

仲良くねんねしている光景にいつもうっとりします♡

こっそし
ですし

アウトドアだいしゅきですし♪

OSANPODESUSHI!

おとしゃん、おかしゃんもアウトドアが好き

楽しいお出かけには
準備も必要
トッ
トッ

家でお留守番する
まめちゃんの為にも
しっかり準備をして
出かけます
宿泊もなるべく1泊以内に
まめニャは
お家が
好きニャから〜

室内温度を
快適にしたり
イイ感じ
ニャ

ご飯を多めに
用意したり
うまうま
たべほうだい
ニャ〜
まめちゃんに
いつもと変わりなく
過ごしてもらえるように
工夫して出かけます
ついに
この家は
まめニャの
ものニャ…
フフフッ

ん〜…
私たちヒトのものは
旅先でもすぐに
手に入るしな〜
コンビニや
ホムセンも
あるし〜

と考えると
気がついたら荷物が
アーティのものでいっぱいに
なっていることも多いです
お…
おもい…
アーティ
犬用
あ
あーちゃんの
アーティ
きがえ
あーちゃんの
トリミング用
でもこれも
必要かも…
ピキッ
おかしゃん
がんばですー
夫婦のもの
バッグ2つ分

春はどこへ行っても美しい日本
ふじじゃんあっぱれですしぃ♪
あたたかくなってきたら、すぐにお水に入れるわんこさん
あーちゃんはあしをちゃぷんこしますし♪
琵琶湖へはお水遊びによく行きます
チューリップや梅、桜などのお花見ピクニックに行くのも楽しいです♡
梅はさきま〜ちたがさくらはまだでちか〜♪
フウ…❤
夏はやっぱりお水遊び
ザバ〜〜ン…
ゴールデンは暑さが苦手なので夏のレジャーは水に入れる場所か標高の高い山などへ出かけます
湖でカヤックツアー
あじさいもまだまだキレイですぃ❤
ひまわり畑でかくれんぼしてみたり
きゅぴ❤
キャンプをしに涼しい高原へ行ったりもします

秋もまたアウトドアに最適なシーズン♡
ばっしゃ
ばっしゃ
近年は残暑もきびしかですし〜♪
お水が冷たくなってきたら川下りを楽しんだり
きゃぴ〜♡
おーす
キャンプ場でお月様や虫の声を楽しんでみたり
お〜んまるおつきしゃま〜ウェイ♪
り〜…
り〜…
美しい紅葉のなかでのバーベキューもとっても楽しいです
あ〜ちゃんの、あとでやいてあげるね〜
あちゃんのお肉ありましゅか〜
じゅわわ〜〜
冬は多くのキャンプ場がクローズしてしまうのですがわんこにとっては楽しい雪遊びの季節
いちめんまっしろじゃん♥
スノーシューツアーに参加して雪山ハイキングに挑戦してみたり
ザッ
ザッ
シュ〜〜
大雪の中で埋まってみたり
ひやっこしゃん♥
ソリで一緒に遊んだり
きゃほ〜〜
おかしゃ〜〜ん まてまて〜〜♥
雪の少ない地域に住むあーちゃんと、いろいろなところに雪遊びに出かけます

そのほかにも自宅の庭でバーベキューしたり
おほほう!! さてはそれはあ〜ちゃんのささみしゃんでしゅね…??
そうだよ〜 もうちょっとまっててね〜♥

今日はあーちゃんのおやちゅをモリモリかってもらいま〜すし♥
3コ1000円!
わんこ雑貨
ペットフェスやドッグマルシェなどのいろんなイベントに参加するのも楽しみのひとつです

ゴールデンの飼い主さんはアウトドア派の方々が多いのでご一緒させてもらったり
あそこ、すっごくよかったよ〜♥
こんど一緒にいきましょ〜♥
わんフェス開催!
こんどいってみようか
わくわくですしぃ♪
色々なメディアでイベント情報をチェックしてます

アウトドアで楽しむために
体づくりや食事などにも
気をつけるようになって
次のトレッキングに向けて
スクワット〜〜!!
がんばるぞ〜〜!!
なに
やっとん?
い〜ち〜
に〜い〜
しゃ〜〜ん〜…
フンフ〜〜ン
ウェイウェイ〜♪
以前よりかなり
健康的になりました!

出会いが出会いを呼び
あーちゃんにもたくさんのお友達が
できました
よろしくね!
あ〜ちゃんって
いいますし♥
よろしくしゃん
ですし〜♥

わんこを迎えたことで、
こんなにも自分が
アクティブになるなんて
いやっほーーう!
海だ
海だ〜♥
きゃぴぴ〜〜
のりこめ〜
ですし〜!!
あーちゃんを迎えるまで
全く想像もしていませんでした

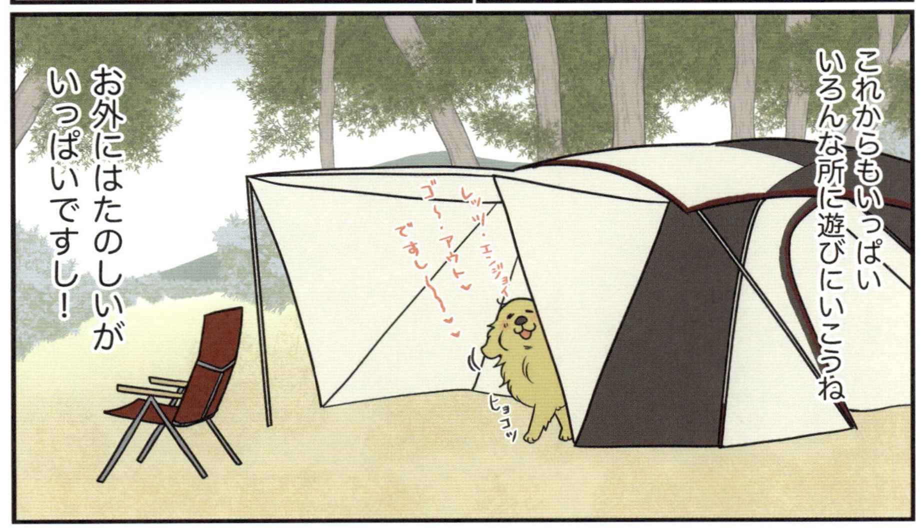
これからもいっぱい
いろんな所に遊びにいこうね
レッツ・エンジョイ
ゴー・アウト♥
ですし〜〜♥
ヒョコッ
お外にはたのしいが
いっぱいですし!

みんなでテント設営のお手伝い

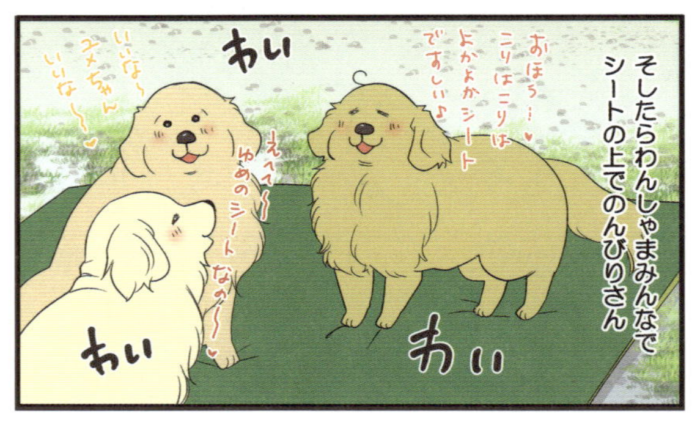

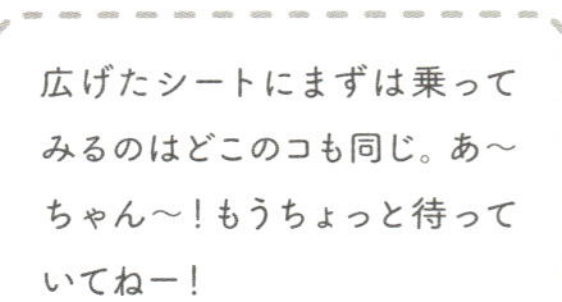

広げたシートにまずは乗ってみるのはどこのコも同じ。あ〜ちゃん〜！もうちょっと待っていてねー！

テント設営のお手伝い

あ～ちゃんだって、一緒にお手伝いしたいんですしー!

一番いい場所♡

キャンプの夜、眠くなると自分でテントの寝室に入っていくあ～ちゃん。でも私たちのことも気になるのか、じっとこっちを見ています♡

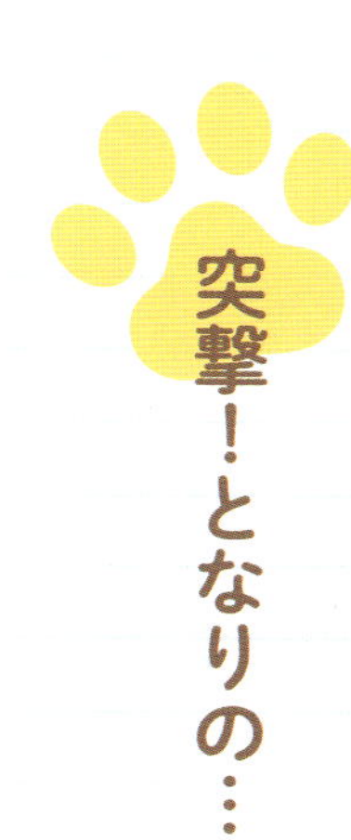

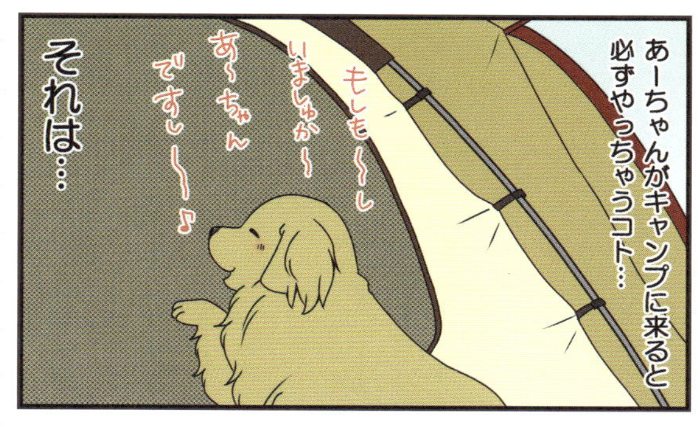

あ〜ちゃんはお友達のテントも気になっちゃって、ズカズカ入っていってしまいます。でもそれって、実は飼い主に似ただけだったりして……！？

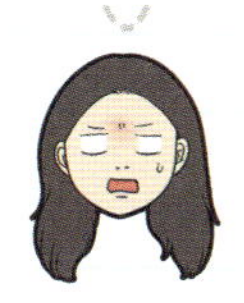

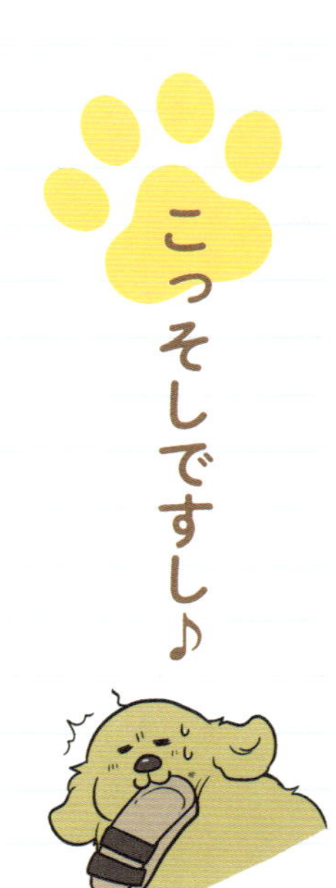

違いますし～！おかしゃんが忘れ物していないか、ちゃんと確認していただけですし～！

キャンプアイテムですし！
きゃぴ〜
荷物が多い時はアウトドアワゴンが便利
ゴロゴロ
犬用ライフジャケット
新鮮なお水はいつも常備♡
キャンプにはテントや寝袋、ランタンやコンロなど多すぎて全部は書ききれない！ということであ〜ちゃんに関わるものだけ♡
場所やアクティビティによって変わりますが、やっぱりあ〜ちゃんの体調管理や安全に関わるものはマスト！あとはお手入れ用具など。いつもお出かけはあ〜ちゃんのものでいっぱいです。
スクリューペグがあると、リードをつなぐ場所がない時に便利！
ロングリード
ノーリードに出来ない場所や近くで他の人が遊んでいる時に。
遊んでるといろんなものがくっついたりよごれたり。
ブラッシングセットを持っていくと、汚れをとったり便利
リードは予備も含めて何本か持っていきます
楽しいキャンプに準備は欠かせまちぇんね
木の葉やタネがおも毛にたくさんついちゃいます。

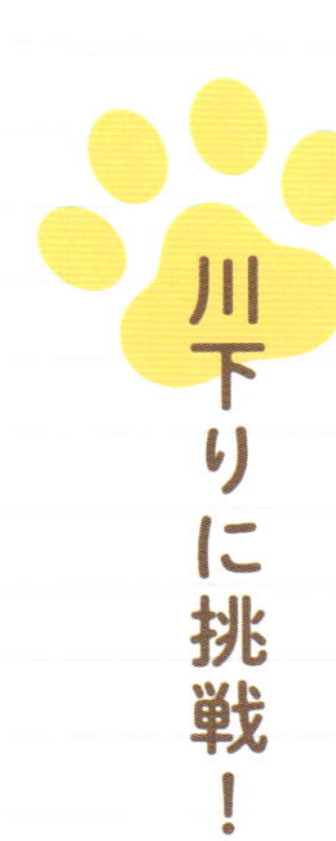

みんなで大きなボートに乗ってどんぶらこ♡途中の中州でボートから降りて遊んだり、流れの速いところをがんばってこいだり。人もわんこも楽しめるアクティビティでした

おとしゃんおたすけですし！

おとしゃんを助けるつもりが、うっかり助けられる側になっちゃったあ〜ちゃん。でもおとしゃんを助けようとした、その心意気やよし！

次のステップへ

5月某日
あーちゃんはお友達わんしゃまと海水浴へ来ました♡
ややっ!?
ちゃぽりん

水温が高いとやる気が出るようで
こりはこりは
よかよか お水かげん…
ぬっくしですしぃ…♡
オフッ
ほっこし♡♡

あーちゃん今日はよく泳ぐね!
ばしゃばしゃ
ばしゃ
やっぱ浅くてお水がぬくいのがいいのかな〜

たくさん泳げるようになった分、別のへたくそさが露呈した
がふっ
げふ
ごふっ
今まで息つぎするくらい長く泳いだことなかった。

あ〜ちゃんはゴールデンなのにあまり泳ぎが上手じゃありません（※ゴールデンは泳ぎが上手なコが多い）。それでも何度か泳ぎに連れていくうちに今ではずいぶん泳げるようになりました

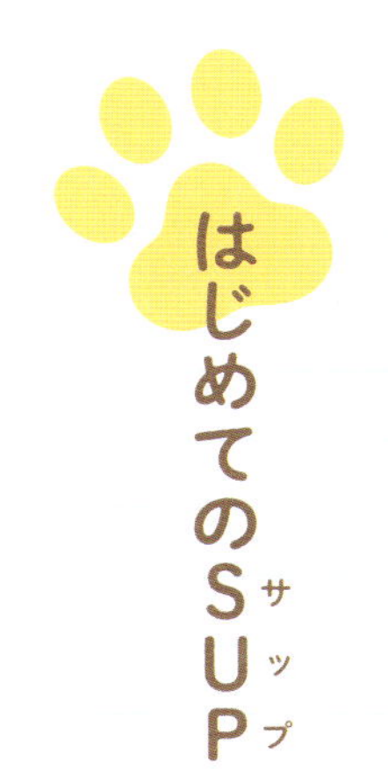

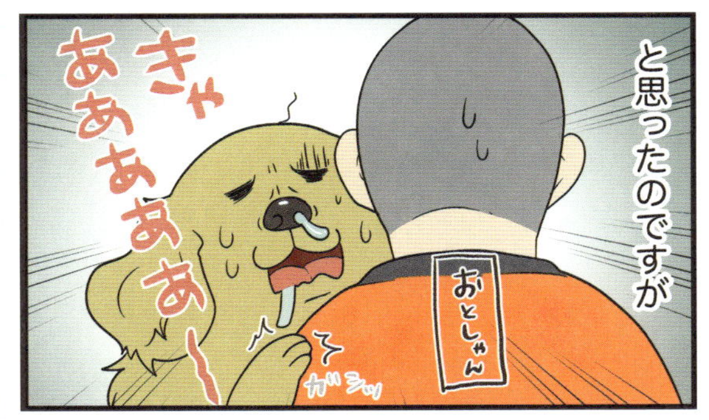

最初はノリノリでSUP（サップ）に乗り込んだあ〜ちゃん。でも沖に出たら怖くなっちゃったのかゴソゴソしだして……。この後、見事にひっくり返っちゃいました

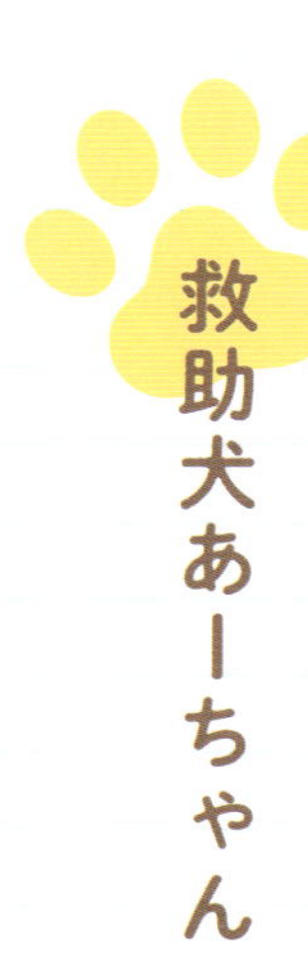

あ〜ちゃん、おかしゃんの救助をがんばりますしぃ〜

レトリーブ初心者

あーちゃんとレトリーブ
きゃぴぴ～♥
あ～ちゃんもレトリーブできますし～!!

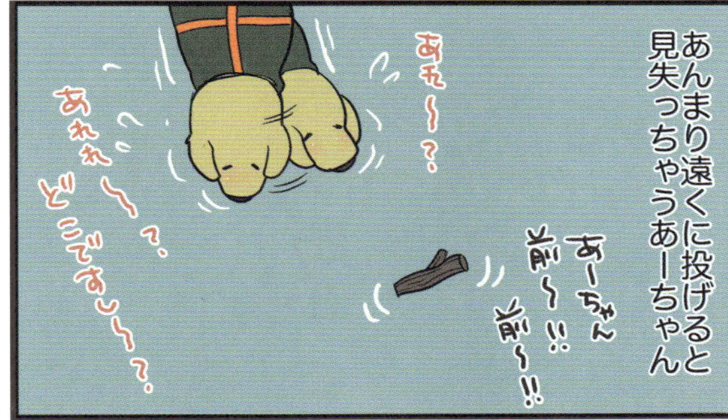
あんまり遠くに投げると見失っちゃうあーちゃん
あーちゃん前～!! 前～!!
あえ～？
あれれ～？ どこですし～？

ここね、そのまままっすぐね
えっほ えっほ
なので泳いでる時に目の前におとしてあげると

あっ♥
とれまちたし♥
バッシャ バッシャ
咥えて泳げるのでとっても嬉しい

レトリーブ（持ってこい）が得意じゃなかったあ～ちゃん。咥える楽しさを教えようと、枝を目の前に持って行ったら、上手に咥えて泳げるようになりました

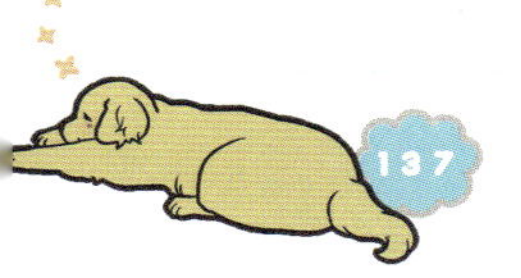

砂浜での素敵な撮影会。でもあ〜ちゃんは大はしゃぎでカメラマンさんに突進したり、砂浜でゴロゴロしたり……。カメラマンさん、本当にすみませんでしたっ！

海&川には コレですし！

お水遊びはついつい荷物が多くなっちゃう

バスローブ

お水をよく吸うタオルたくさん

しぼってまた使えます♥

あまりおもちゃで遊ばないあ～ちゃんですが、とりあえず数個持って行って様子を見ています。お友達の持っているおもちゃなどを参考にすることも。

あ～ちゃんはおもちゃより、まったりちゃぷんこスタイルですしぃ

お水に浮くおもちゃ
でも結局、持ってったおもちゃより、現地におちてる木の枝がお気に入りだったりする

おちりにいるのは……

雪遊びでどうしても厄介なのがお尻の雪玉。あ〜ちゃんはお尻の毛が長いからか、どうしてもいっぱいついてしまいます

あーちゃん流ソリ遊び

あ〜ちゃん地方は滅多に雪が降らないので、雪山へ遊びに来ると張り切って遊んでいます

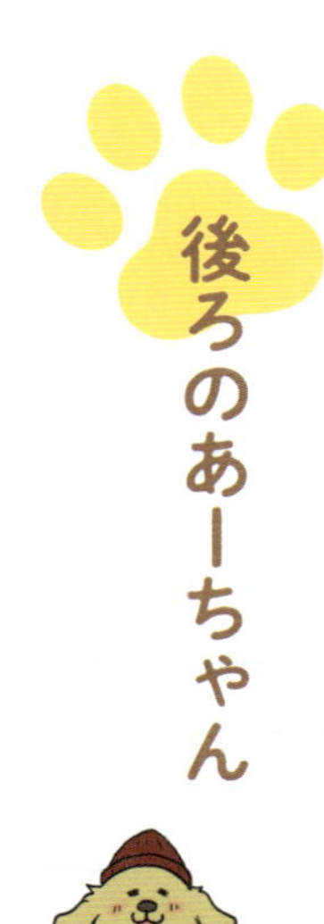

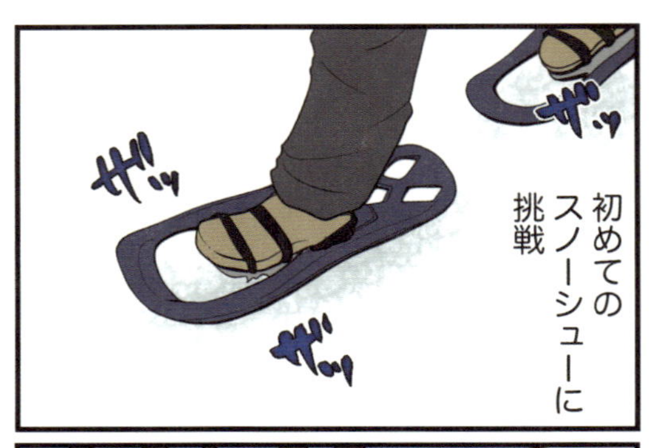

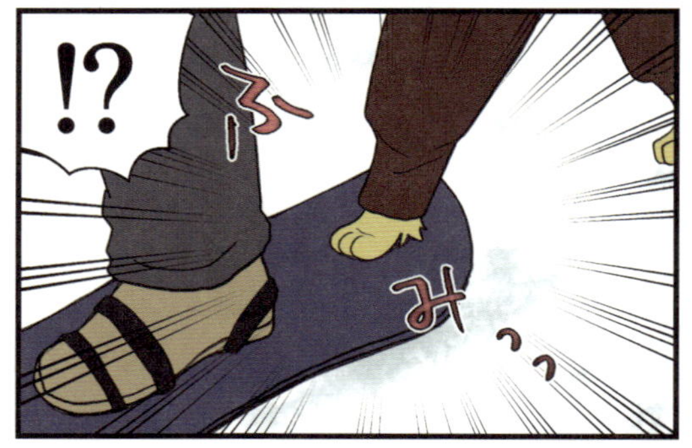

あーちゃんが何度も
ふみふみしちゃうので
なかなか進まない

おかしゃん♥
ゆきあるき
たのしい
でしゅね!!

お…おう…

あーちゃん、やっぱし
おかしゃんの前、
あるいてくれる
かな…?

わんこと一緒のスノートレッキングは思った以上に楽しくて、スノーシューでずんずん雪の上を進んでいくのはとってもの爽快です

学習しないふたり

またある年、雪遊び旅行へ
わ〜♡
ゆきっこじゃん
いっぱいですし〜〜♡

さっそく雪ではしゃぐお二人
よっし!!
あーちゃんきょうそうだぞう!!
きゃぴ〜♡
おとしゃんにはまけまちぇんし〜♡

2人とも…あんなに遠くまで行っちゃって…
はんぶんうまってるし…
わ〜い
おとしゃ〜ん まてまて〜 ですし〜
こっちこっち〜

いつも戻るの大変なのに…
ひ〜〜 ぬけな〜い
おとしゃ〜ん ヘルプですしぃ〜
やっぱバカだわ。
年に一度のことなので、学習する前に忘れる

雪遊びに来ると普段はしないレトリーブしちゃったり……、するよねぇぇぇ！

こなゆき

山の雪はとってもサラサラで
サァァァァ
わ〜すごいねあーちゃん
こなこなしてましゅし〜♪
風が吹くとキラキラ綺麗でした

雪が降ると下ばかり見て歩いちゃうけど
転ぶから…
こうやって上を見上げるのもイイものね
ね、あーちゃ…

ん……
そうでしゅね〜おかしゃん!!
ごめん、やっぱ下も見るわ…

あ〜ちゃん雪まみれになっちゃいまちたしぃ〜

だまされまちぇん！

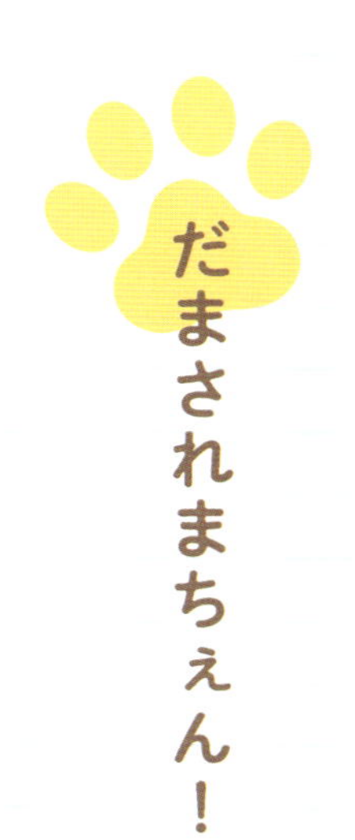

雪に埋まったあ～ちゃん。このあとおとしゃんに掘り起こされていました

雪でもあご乗せ

いつも「あご乗せ」が
好きなあーちゃん
いつもはソファのひじかけ

雪遊びに行った時も
ちらっ
ちらっ
え〜と
あ〜ちゃん、ちょっと
おきゅうけい
いいでしゅかね〜〜

あ。
ドサッ
どっこいちょ〜いちっと…

もちろん沈んだ

……

おややぁ!??

ずももももっっ..

このあとしばらく沈んだままで
雪のひゃっこしゃんを楽しんで
ました

冬のアウトドア必須アイテム

せっかくの雪遊び、安全に楽しみたいですよね♡

雪遊びには、動きやすく保温性のあるスーツを着せています。袖が長く、雪玉が付くのを防いでくれます。

ゴム製のブーツは
雪以外の時も、
足裏をうっかり
ケガした時の

冬は犬用のスーツで。

雪遊びは楽しくて、おとしゃんもついはしゃいじゃうよ～

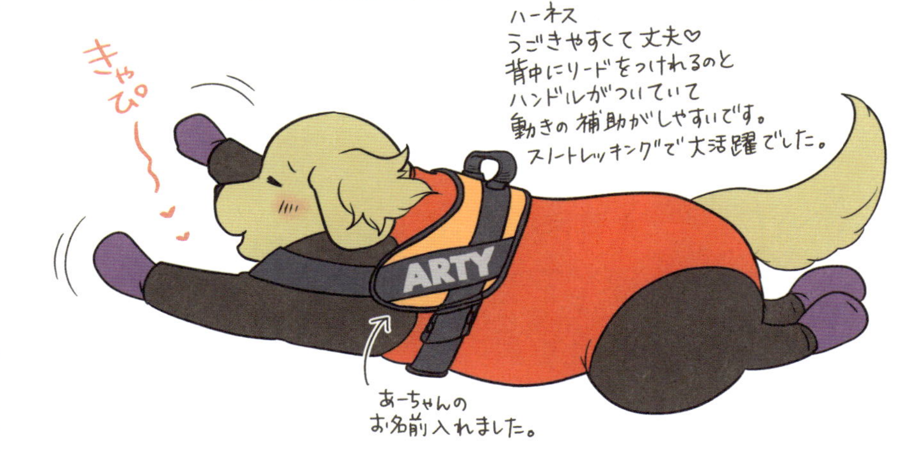

ハーネス
うごきやすくて丈夫♡
背中にリードをつけれるのと
ハンドルがついていて
動きの補助がしやすいです。
スノートレッキングで大活躍でした。
きゃぴ～
ARTY
あーちゃんの
お名前入れました。

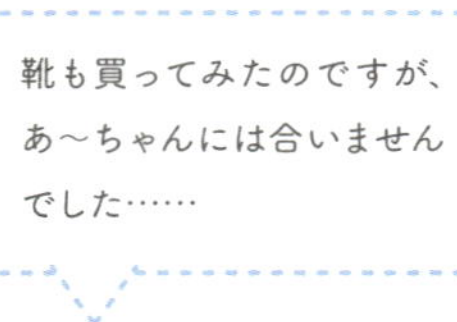

冬のアウトドア
必須アイテム

泥棒しゃんみたいな動きに
なりまちたし〜

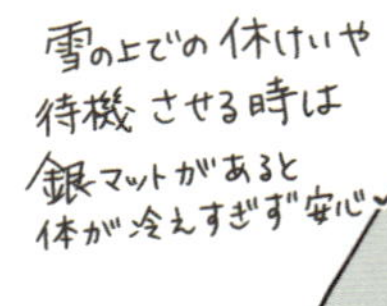

スノーウェアは毎シーズン新しいものが発売されるので、気になって毎年チェックしています。でもまだまだ今のが着れそうです。

雪を掘ってにおいを嗅いだりとのんびり雪遊びを楽しむあ～ちゃん。でも今年８歳。シニアなあ～ちゃんは疲れやすくなってきていると思うので、あまり無理はさせないように気をつけています。

おともだちとのおでかけアルバム

キレイなお花にわんこの皆様の笑顔も満開♡

みんなで行くお花見は遠足みたいな気分♡

あ〜ちゃんもお花のにおい、いっぱいスンスンしましたし〜

夏はみんなでお水遊び！
キャンプは涼しいお山へGO！
お揃いのお洋服も着てみました♡

秋は外遊びに最適な季節！
お友達みんなともよく集まります。

美しい紅葉のなか、みんなでバーベキューを楽しみました。

秋
あき

冬
ふゆ

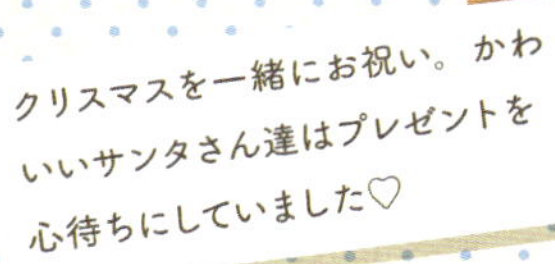
クリスマスを一緒にお祝い。かわいいサンタさん達はプレゼントを心待ちにしていました♡

冬はドッグカフェでまったりしゃんもいいでしゅね〜

あ〜ちゃん&まめちゃん イラストギャラリー

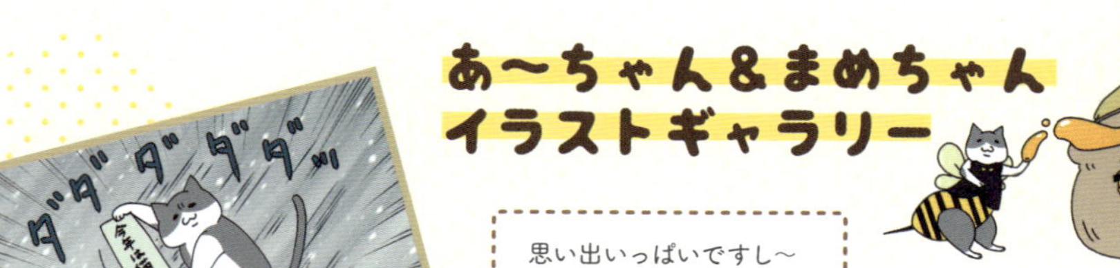

思い出いっぱいですし〜

いつの間にかイラストが
こんなにたくさんに！
ご覧ください〜

四季折々のふたりは
かわいいなぁ♡

は〜〜〜 ここは ひやっこいニャ〜〜…
うふふ まめちゃんも やっと ひやっこしゃんの よさが わかって きたんでちゃね
これからもさぼらず
いっぱい描くニャよ！
あ〜ちゃんはうちの わんじゃまの中で いちばんの おりこうしゃんだよぉ〜〜
嘘は言ってない
うぇいうぇい ゆきんこ あ〜ちゃん うぇい♪
ズザザァァ…

まめちゃん
アーティと暮らし始めて
5年以上
犬と猫との暮らしにも
すっかり慣れました

あーちゃんは私たち
家族中心に
暮らしているのに
対して
おかしゃ〜〜ん
今日は何するんですし?
あ〜ちゃんはおひるね
しましゅよ〜〜
きゃぴぴっ

まめちゃんは居心地を
何よりも重視しているみたいです
まめちゃ〜ん
ちょっとお出かけ
してくるね〜〜
いって来いニャ

積極的に私たちに
関わろうとする
アーティと
おかしゃ〜ん
これ
あ〜ちゃんの
ですし〜
プピッ
いいねー
あーちゃん

マイペースを貫く
まめちゃん
まめニャは
今ココが
いいニャから〜〜♪
どっしり
まめちゃん…
それ私の
タブレット…
性格は違えど、
どちらも大切な家族です

よくきかれるのは
犬派？
猫派？
という問いに
我が家はもちろん
どっちも派！
まめ派
ニャ
アーティは日々のお世話や
トレーニングなど、
交流を深める中で
可愛いと感じることが多いですが
あーちゃん
ぽっぽで
おしゃんぽウェイ
まめちゃんは
そのままの姿で充分に
可愛い♡
と思わせてくれる魅力があります
ふみゅう…
うにゃう…
うぉぉぉ
ねてるだけなのに
何でこんなに
かわいいんだー!!
犬、猫の可愛さはそれぞれ違いますが、
SNSで漫画を見てくださった方から
「猫派だったけど犬も飼って
みたいと思いました」
「犬を飼っているけど
猫も興味がわいてきました」
わ〜〜
コメント
ありがとう〜〜
という感想をいただくことがあり、
とっても嬉しかったです

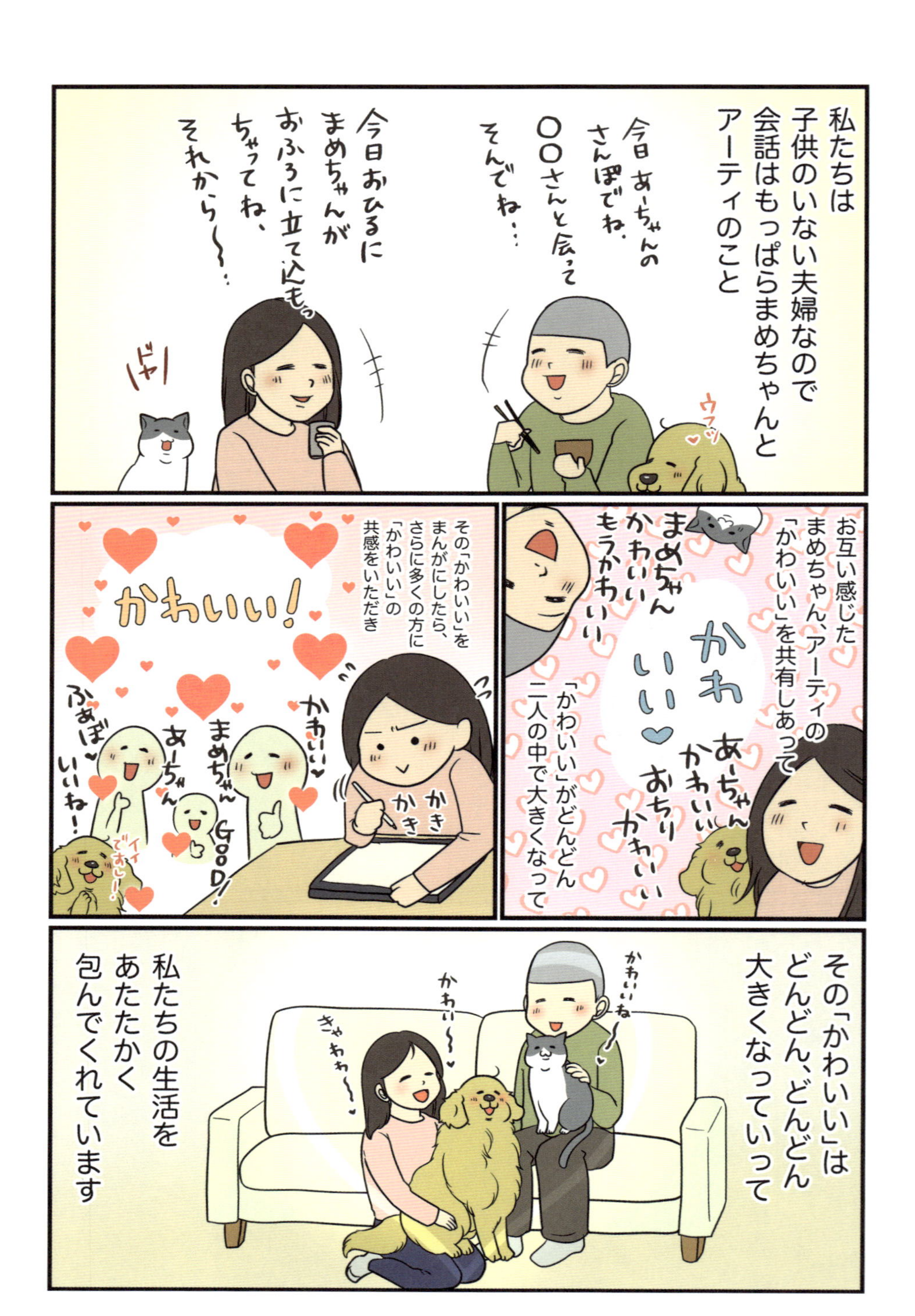
私たちは
子供のいない夫婦なので
会話はもっぱらまめちゃんと
アーティのこと
今日あーちゃんのさんぽでね、
○○さんと会ってそんでね…
今日おひるにまめちゃんが
おふろに立て込もっちゃってね、
それから〜…
ドヤ
ウフッ
お互い感じた
まめちゃん、アーティの
「かわいい」を共有しあって
まめちゃんかわいい
もうかわいい
かわいい
あーちゃんかわいい
おちりかわいい
「かわいい」が どんどん
二人の中で大きくなって
その「かわいい」を
まんがにしたら、
さらに多くの方に
「かわいい」の
共感をいただき
かわいい!
かわいい
まめちゃんGOOD!
あーちゃん
ふぁぼ
いいね!
イイでおじ!
かき かき
その「かわいい」は
どんどん、どんどん
大きくなっていって
私たちの生活を
あたたかく
包んでくれています
かわいいね〜
かわい〜
きゃわわ〜

おとしゃ〜〜ん
おかしゃ〜〜ん♡
こっち
こっち
ですし〜
これから
このコたちの
「かわいい」
はどこまで大きくなるのかな？
なに
トロトロ
あるい
てんのニャ〜〜

これからもずっとずっと
あっ
まめちゃーーん！
おかしゃ〜ん
あーちゃん今日ね…
そっかー♥
たくさんの「かわいい」を
もらえる日々が続きますように♡
まめに
ついて
来るのニャ♥

あとがき

アーティと暮らし始めて8年。
まめちゃんも加わり、このかわいいコたちの素晴らしさを
どうにかして伝えたくて、ふたりのマンガを描きはじめました。
最初はペイントソフトの使い方もわからず
何時間もかけて4マを一本仕上げる日々……。
しかし辛さや苛立ちはまったくなく、
描けば描くほど愛おしい気持ちがどんどん膨らんでいきました。

今日はどんなことを描こうかな。
今日のふたりはどんな仕草をするのかな。

マンガを描きはじめてからふたりを観察することが増えたのですが、
本当に表情が豊かで、どんな些細なことも面白く感じるようになりました。
ふたりを観察し、構図を考えては描いていくことが、
いつの間にか私にとってかけがえのないライフワークになっていました。

マンガを描き続けることで、いろいろな方から
「楽しみにしています」
「昔飼っていたわんこを思い出します」

などの言葉をかけていただけるようになりました。
たくさんの嬉しい言葉があったからこそこの本ができたのだと思います。
本当にありがとうございます。

アーティとキャンプや海、雪山などさまざまな場所で
一緒に遊んでくれたお友達わんこの皆様とその飼い主様、
いつもありがとうございます。
この本の中に思い出の一部を閉じ込めさせてもらいました。

いかなるときでも私の味方となり、支えてくれたおとしゃん。
いつもあーちゃんのお散歩お疲れさまです。そしてありがとう。

そしてSNSでご覧になってくださっている皆様、
この本を手にとってくださっている方、
最後まで読んでくださり、ありがとうございました。
これからもアーティとまめちゃんの
モフモフ話をお届けしていきたいと思います。

2019年6月　餅付きなこ

餅付きなこ Kinako Mochitsuki

生まれも育ちも現在も愛知っ子。おとしゃん（夫）とゴールデンレトリーバーのアーティ（2011.6 生まれ）、ハチワレ猫のまめ（2013.4 生まれ）と共に暮らしている。アーティとまめをこよなく愛する以外、特徴は特になし。4コマや写真で二匹との生活を記録し、ブログや Instagram で公開中。

ブログ「まめとアーティ」 http://artyandmame.jp/
Instagramアカウント @kinakomochitsuki

おさんぽですし！
おしゃべり犬とイライラ猫の日記

2019 年 6 月 25 日　初版発行

著　者　餅付きなこ
編　集　山本久美
装丁・DTP　セキケイコ（SELFISH GENE）
発 行 人　木本敬巳
発行・発売　ぴあ株式会社
〒150-0011
東京都渋谷区東 1-2-20
渋谷ファーストタワー
03-5774-5262（編集）
03-5774-5248（販売）
印刷・製本　株式会社シナノパブリッシング プレス

ISBN978-4-8356-3924-6